생각이
크는
인문학

인공지능

생각이 크는 인문학_인공지능

지은이 배순민
그린이 이진아

1판 1쇄 발행 2023년 11월 22일
1판 2쇄 발행 2024년 12월 1일

펴낸이 김영곤
프로젝트2팀 김은영 권정화 김지수 이은영 우경진 오지애
아동마케팅팀 장철용 명인수 송혜수 손용우 최윤아 양슬기 이주은
영업팀 변유경 김영남 전연우 강경남 최유성 권채영 김도영 황성진
디자인팀 이찬형

펴낸곳 (주)북이십일 을파소
출판등록 2000년 5월 6일 제406-2003-061호
주소 (우 10881) 경기도 파주시 회동길 201(문발동)
연락처 031-955-2100(대표) 031-955-2177(팩스)
홈페이지 www.book21.com

ⓒ 배순민, 2023

ISBN 979-11-7117-192-7 43500

책 값은 뒤표지에 있습니다.

• 제조자명 : (주)북이십일
• 주소 및 전화번호 : 경기도 파주시 회동길 201(문발동) / 031-955-2100
• 제조연월 : 2024. 12.
• 제조국명 : 대한민국
• 사용연령 : 8세 이상 어린이 제품

생각이 크는 인문학

25 인공지능

글 배순민
그림 이진아

을파소

🔌 목차

인공지능 발전보다 먼저 생각해야 할 것들

다양한 분야에 대한 호기심과
문제해결능력이 필요한 인공지능 시대

여러분 혹시 뉴스 자주 보시나요? 최근 뉴스를 보면 인공지능(AI)에 대한 새로운 소식이 매일 전해지고 있습니다. 그만큼 인공지능이 일상 속에 깊이 스며들 날이 얼마 남지 않았다는 것인데요. 아마 2년 뒤에는 이런 인공지능 기술의 발전이 국가와 기업, 개인의 모든 활동에 크게 영향을 미칠 것 같습니다.

어린이와 청소년 여러분이 지금보다 더 발전된 인공지능 세상에서 주도적인 리더가 될 것이기에 이 책을 쓰게 되었어요. 누구나 쉽게 인공지능의 기본 지식을 이해하고, 기술의 변화들을 수동적으로 받아들이는 것이 아니라 비판적 관점에서 능동적으로 창의적인 혁신을 이끌어낼 수 있기를 기대합니다.

이 책은 인공지능의 모든 지식을 완벽하게 전달하기보다는 인공지능이란 무엇인지 알아보는 출발점입니다. 이를 통해 여러분과 인공지능의 만남을 돕고, 더 깊은 사고와 탐구를 시작하는 도구로써 나침반 역할이 되기를 바랍니다. 인공지능 역사는 실제로는 길지만, 현재 우리가 경험하고 있는 변화와 혁신은 불과 십 년 안에 가속화된 것이라 아직 미완성이고 매일 시시각각으로 발전하고 있어요.

컴퓨터, 통신, 인터넷, 스마트폰 등 기술의 발전이 우리의 일상을 크게 변화시켰듯이 이제 인공지능이 우리 삶을 더욱 혁신적으로 변화시킬 것이며, 여러분은 그 중심에서 중요한 역할을 하게 될 겁니다. 인공지능을 제대로 이해하고 활용하는 것은 인문학과 과학기술을 융합해야 하는 놀라운 여정이에요. 이 책을 통해 여러분이 인공지능에 대한 과학기술의 이해가 커지고, 인문학적 사고가 함께 성장하기를 기대합니다.

어릴 적 그림 그리기를 좋아하던 저는 학생 시절에는 수학에 흥미를 느껴 공부에 힘썼습니다. 가까운 앞날도 확실히 알 수 없던 때에 재미를 느끼는 여러 활동에 참여하면서 재능을 스스로 발견하다 보니, 여러 학문에 대한 다양한 호기심과 시대의 흐름을 따라 인공지능 연구개발 분야로 진

로를 선택하여 일하고 있어요.

특별히 인공지능을 주제로 '생각이 크는 인문학' 시리즈 중 한 권을 집필한 이유는, 인공지능뿐만 아니라 다양한 분야에 대한 이해와 고민들이 인공지능 시대를 살아갈 여러분들에게는 너무나도 중요한 자산이 될 것이기 때문이에요. 특히 학생 시절에는 최대한 여러 분야를 접하고, 다양한 관점과 세계관을 경험하는 것이 중요해요. 열린 사고는 같은 현상도 새로운 관점으로 바라볼 수 있게 하고 이는 창의성과 혁신의 기본이 됩니다.

세상 속에 인공지능이 올바로 안착하기 위해서는 인공지능을 연구개발하는 사람, 인공지능을 활용하는 사람, 인공지능에 대한 제도를 만드는 사람 등 다양한 주체들의 적극적이고 협조적인 노력이 필요해요. 여러분이 그중 어떤 자리에 있든지 이 책을 읽으면서 생각해 본 질문들이 여러분의 앞날에 도움이 되기를 바랍니다.

감사합니다.

2023년 11월

배순민

1장
인간은 왜 인공지능을 만들었을까?

지능을 가진 기계, 인공지능을 만들다.

 지구상에는 수많은 생물이 존재합니다. 그중에서 우리 눈에 잘 보이는 다소 큰 동물들은 머리, 몸통, 다리 또는 팔을 가지고 있어요. 큰 동물들의 머릿속에는 뇌가 있고요. 뇌는 지능을 가지기 위한 핵심 기관이에요. 몸의 움직임과 행동을 결정하고, 생명을 유지하며 인지, 감정, 기억, 학습을 담당합니다. 뇌가 다치거나 아플 경우 몸을 움직이지 못하거나 말을 할 수 없거나 과거가 기억나지 않을 수도 있어요. 뇌 손상이 더 심할 경우 숨을 쉬는 것조차 힘들어지죠.

 특히 인간은 동물 중에서도 지능이 아주 높아요. 도구를 적절하게 잘 쓸 수 있고 수학 문제도 풀며 새로운 언어도 배울 수 있어요. 게다가 세상에 없던 기계를 만들기도 하고 예술작품을 감상하고 창작할 수 있지요. 삶과 죽음에 대해 철학적 고민을 하거나 어제보다 오늘 더 성장하기 위해서 목표를 세우고 신체 능력이나 전문 능력을 훈련합니다. 이 뿐만 아니라 팀을 만들어서 다른 사람과 함께 어려운 일을 성취하기도 하고, 서로 소통하기 위해서 글이나 말로 생각을 표현하죠.

인간은 스스로 지능을 가진 것뿐만 아니라, 지능을 가진 기계를 만들고자 했어요. 이런 생각을 왜 했을까요? 인간은 자연의 현상을 관찰하고 분석해서 이해하려는 호기심이 있기 때문이에요. 특히 인간이 자연 현상이나 어떤 원리를 알아내려는 탐구 정신은 고대 그리스 학자들이 살았던 시대 이전까지 거슬러 올라가지요. 어떤 현상에 대한 완벽한 이해는 결국 그 현상을 다시 표현해 내는 것으로 완성됩니다. 인간의 지능, 즉 뇌에 대한 완벽한 이해는 결국 인공지능의 개발로 완성된다고 할 수 있죠.

그렇다면 지능을 가진 기계를 만든다는 것은 무엇을 말할까요? 바로 AI(Artificial Intelligence의 약자)라고 불리는 인공지능을 만든다는 것을 뜻해요. 인간지능을 가진 기계나 컴퓨터를 만들려는 것은 인공지능(AI) 연구개발자들의 오랜 꿈이었어요.

기계나 컴퓨터가 인공지능을 가졌다는 것은 무엇을 뜻할까요? 그것은 바로 인간처럼 세상을 이해하고 판단하고 표현하는 능력이 있다는 거예요. 인간의 지적능력은 타고나는 부분도 있지만 자라면서 점점 더 발달하는 영역도 많아요. 소근육과 대근육을 사용하는 운동능력은 일상적인 활동 속에서 꾸준한 훈련을 통해 길러집니다. 언어능력이나 수학 능력도 반복 연습을 통해서 학습되는 거예요.

인공지능(AI)도 새로운 정보를 학습하고 적응하는 능력을 갖추는 것이 핵심입니다. 이를 연구하는 분야를 기계학습(Machine learning)이라고 불러요. 인공지능은 많은 데이터에서 패턴을 발견하고 외부지식에서 규칙과 원리를 스스로 학습해요. 이렇게 학습된 규칙과 원리를 기반으로 새로운 환경이나 문제에서 답을 찾거나 판단할 수 있을 때, 인공지능이 우수한 지능을 가졌다고 표현합니다. 2010년 이후에는 딥러닝(Deep learning 심층학습) 학문이 발달하면서 인공지능 혁신의 속도가 점점 더 빨라지고 있어요.

이런 인공지능의 역사는 1950년대로 거슬러 올라가요. 인공지능(AI)이라는 단어가 처음 만들어진 것은 1956년인데요. 다트머스대학교 교수 존 매카시(John McCarthy) 등의 학자들이 1956년 여름 다트머스 학회에 모여 '과연 기계가 생각을 할 수 있을까?' 또는 '기계가 인간처럼 행동할 수 있을까?'라는 질문들을 탐구하며 인공지능 분야를 연구하기 시

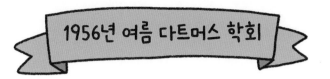

작했어요.

컴퓨터가 등장하고 연구소마다 컴퓨터가 보급되면서 인공지능(AI)을 만드는 것은 결국 프로그램을 만드는 일이 되었습니다. 프로그램은 특정 입력(input)에 대해 알맞은 결과(output)를 내놓는 알고리즘으로 이루어져요. 알고리즘이란 프로그램이 어떤 문제나 동작을 해결하려고 할 때 필요한 작업을 순서대로 나열한 것이에요. 더 쉽게 설명하자면 떡볶이를 완성하는 순서를 순서도를 이용해 나타낸 것과 비슷해요. 이처럼 논리적 또는 수학적 알고리즘을 컴퓨터가 이해할 수 있도록 다양한 프로그래밍 언어들이 등장하게 된 것이죠.

컴퓨터 과학자들은 체스를 두거나 수학 문제를 푸는 등 어려운 문제나 작업을 해결할 수 있는 프로그램을 만들었습니다. 더 나아가 전 세계 여러 나라의 언어를 이해하고 처리할 수 있는 프로그램을 만드는 데 초점을 맞추었어요. 사람의 언어를 학문적으로는 '자연어'라고 표현하고 자연스러운 소통을 위해서 사람이 말하는 소리도 분석하는 분야를 '음성 인식'이라고 불러요.

1970~1980년대에는 '전문가시스템(Expert systems)'이 등장해서 컴퓨터 과학자들의 많은 관심을 받았어요. '전문가시

스템'은 의학이나 금융 등 특정 분야 전문가의 의사결정 과정을 모방할 수 있는 프로그램을 부르는 기술적 용어예요. 특히 질병 진단이나 금융데이터 분석과 같은 과제를 수행하도록 광범위하게 연구 개발되었지요.

기계학습(Machine learning)이라는 단어는 1959년에 만들어졌으나 1990년대에 들어서 기계가 데이터에서 학습하는 인공지능의 유형으로 관심을 받기 시작했어요. 이를 통해 기계는 이미지 인식이나 자연어 처리와 같은 복잡한 작업을 수행할 수 있게 되었지요. 지도학습(Supervised learning), 비지도학습(Unsupervised learning)이 기계학습의 대표적인 유형이에요.

인간이 가진 지능은 소통을 위한 음성능력과 언어능력 외에도 공간지각능력, 운동능력, 음악능력, 자아성찰능력, 관계를 맺는 능력까지 다양해요. 현재까지 개발된 인공지능(AI)은 이 중에서 특히 언어능력, 음성능력, 시각능력 등을 닮아가고 있어요. 이 중에서 어떤 능력이 있는 인공지능(AI)이 세상에 꼭 필요할까요? 여러분의 생각이 궁금합니다.

인공지능의 출발점이 인간의 뇌라고?

지능에 관해 탐구하는 분야를 인지과학(Cognitive science)
이라고 불러요. 인간이나 동물의 생각, 인공지능 기계들에
서 정보처리가 어떻게 일어나는지를 연구하는 학문이에요.
인지과학이라는 단어는 영국 교수 크리스토퍼 롱게 히긴스
(Christopher Longuet-Higgins)가 1973년에 만들었는데요. 물론
그전에도 인간의 생각과 지능에 관한 탐구와 실험들은 꾸
준히 시도되었지만, 오늘날의 인지과학은 생물학, 교육학,
사회학, 신경과학, 심리학 등에 기반하여 언어학, 전산학과
로보틱스 등에 깊은 연관성이 있어요. 인간의 지능이 발달
하는 과정을 연구하는 것은 인공지능 등을 발전시키는 데
도 매우 직접적인 영향을 끼쳤습니다.

인간의 지적능력은 완벽히 타고나는 것이 아니라 영유아
시기를 지나면서 시각, 청각, 미각, 촉각, 후각을 일컫는 오
감이 발달한다는 사실은 인공지능 연구에도 큰 영감을 주
었죠. 예를 들어, 생후 8~12개월 아기는 시력이 0.3 정도
라서 세상이 흐릿하게 보이고 색상보다는 흑백을 더 잘 알
아보지요. 만 6세가 되면 정상 시력인 1.0에 도달하고 만
8~10세까지 계속해서 발달해요. 소근육과 대근육을 사용

하는 운동능력도 일상적인 활동 속 꾸준한 훈련을 통해서 길러지고, 언어능력이나 수학능력도 반복 연습을 통해서 학습되는 거예요.

컴퓨터 영상을 RGB(Red, Green, Blue)와 같이 3가지 색상으로 이미지를 처리하는 것은 사람의 뇌에서 영상을 처리하는 방법을 따라 구현한 것입니다. 인간의 눈과 뇌에는 눈을 통해 들어오는 빛에서 흑백과 색상을 인지하는 세포들이 별도로 있어요. 시각세포인 원추세포(Cone Cell)들은 주로 색상 인지를 담당하고, 눈의 망막에 있는 막대 모양의 세포인 간상세포(Rod Cell)는 흑백을 잘 인지하지요. 특히 원추세포가 빛을 빨강, 초록, 파랑과 같이 인지한다는 것에 영감을 받아서 컴퓨터도 RGB로 영상을 처리해요. 사람이 보는 것과 유사하게 영상을 처리하면 화질 개선, 압축, 편집 등 여러 처리 효과들을 눈에 띄게 하기 쉽답니다.

이렇게 인간의 지능이 발달하는 과정은 인공지능의 입력이나 결과, 알고리즘을 연구개발하는 데 기반이 되고 있어요. 인공지능의 발달은 나날이 빨라지는데 어째서 아직도 각 가정이나 일상에서 로봇이 흔하지 않을까요? 왜 그런지 생각해 본 적 있나요? 로보틱스 연구 산업 분야에서는 로봇이 인간처럼 외부환경을 인식(Sense)하고 상황을 판단

(Think)하며 동작(Act)할 때 지능이 있다고 해요.

인간에게는 너무나도 간단한 행동, 예를 들어 물건을 잡거나 계단을 오르는 일들이 로봇에게는 엄청 어려운 일이에요. 다양한 환경을 인식하고 그 환경에 알맞게 움직이는 인간지능이 필요한데 아직까지 인공지능이 따라 하지 못하고 있어서예요. 그렇다면 인공지능이 잘할 수 있는 일은 무엇일까요?

인간지능과 인공지능은 어떻게 다를까?

인공지능(AI)이 업무나 세상을 이해하기 위해서는 입력을 받아야 하는데요. 사람의 경우 눈과 귀, 코 등 감각 기관을 통해 받은 내용들을 뇌가 처리하는 것처럼 인공지능에게 이런 정보 입력을 하기 위해서는 모든 정보가 숫자로 바뀌어야 해요. 이렇게 숫자로 바뀐 입력들을 인공지능이 처리한 후에는 결과도 숫자로 내보내요. 그러면 정해진 규칙에 맞게 그 숫자들은 영상이나 음성, 글로 변환하는 거죠. 이렇게 입력과 결과를 숫자로 처리하는 것을 디지털화(Digitization)한다고 표현해요. 세상에 있는 문서들, 동영상, 일상 활동들, 기업이나 공장의 상황을 숫자로 변환해서 디지털화하는 것은 인공지능(AI)을 적용하기 위한 첫 번째 필수 작업이에요.

인공지능이 글을 읽고 쓰기 위해서는 순서가 중요해요. 이전에 읽은 단어들을 기반해서 현재 읽고 있는 단어를 이해하고, 이미 작성한 글을 기반으로 새로운 단어를 작성하는 것이 자연어 처리에 기본이기 때문이지요. 글이나 말도 숫자로 바뀌어야 하는데요. 인간이 사용하는 문자나 단어들을 숫자 코드로 변환해요. 세상에 쓰이는 언어들이 다양하므로 각 언어에 맞게 변환합니다. 이처럼 인공지능은 문자나 음성, 글도 해당하는 숫자로 입력을 받게 되는 거예요. 영상은 가로와 세로 크기를 가진 네모난 이미지로 입력을 해야 하는데요. 이미지는 그 크기만큼의 픽셀(pixel)을 가지고 있어요. 각 픽셀은 0~255의 값을 가지고 있습니다.

그럼 세상의 정보들을 이렇게 인공지능이 처리할 수 있도록 변환이 된다면 인공지능은 무엇을 잘할 수 있을까요? 인간지능이 인공지능과 다른 특징은 무엇일까요? 그중 하나는 인간은 특정 시간에 할 수 있는 일의 양이나 속도가 제한이 있고, 많은 양을 오랫동안 지속 반복하다 보면 피로감을 느끼거나 집중력이 떨어진다는 거예요. 인공지능은 컴퓨

터의 대수에 따라 양과 속도를 늘릴 수 있고, 동일한 일을 계속 반복해도 거의 일정한 성능을 지속적으로 낼 수 있지요. 반면 인간지능은 호기심과 흥미에 따라 원하는 일을 하고자 하는 욕구를 가졌지만, 인공지능은 아직 동기나 욕구를 가지고 스스로 할 일을 찾지 않고 주어진 업무만 수행하고 있지요. 따라서 인간이 하기 힘들지만, 컴퓨터가 더 잘할 수 있는 일을 찾아서 시킨다면 어떨까요? 사람은 여유롭게 일하면서 자신이 원하는 일들에 좀 더 집중할 수 있을 거예요.

예를 들어 우리의 안전을 지켜주는 감시카메라 CCTV의 경우, 위험한 상황을 사람이 계속 관찰하는 것은 힘든 일이에요. 사람이 24시간 쉬지 않고 관찰하다 보면 집중력이 흐려져 정작 위험한 사건을 놓칠 수도 있거든요. 인공지능은 사람과 달리 위험을 감지하는 걸 놓치지 않습니다. 단, 위험한 상황인지 아닌지 헷갈리는 경우라면 인공지능이 인간의 판단력에 못 미치는 경우가 있어 최종 판단은 사람이 하는 게 더 좋을 수 있습니다. 전화상담을 하는 콜센터나 응급 전화를 받는 소방서나 경찰서에서도 24시간 자지 않고 전화를 기다리는 일은 무척 힘든 일이지요. 밤이나 주말과 같이 정규 근무시간이 아닐 때는 인공지능을 통해 전화를 받게 한다면, 사람이 충분한 휴식을 취하면서도 중요한 전화를 놓치지 않을 수 있어요. 꼭 필요한 물건들을 만드는 공장의 경우는 어떨까요? 24시간 물건을 계속 만드는 일은 인간에게는 불가능한 일이에요. 하지만 기계의 경우에는 전기가 지속적으로 공급되고 고장이 나지 않는다면 쉬지 않고 일할 수 있습니다. 따라서 꼭 필요한 시기에 필요한 물건을 만드는 일에는 인공지능을 가진 기계가 필수예요.

또한 인식이나 분류에 주로 사용하는 구분형 인공지능(Discriminative AI)이 강조되던 과거와 달리 최근에는 인공지능이 생성이나 창작에 특화되고 있어요. 생성형 인공지능(Generative AI)은 새로운 글이나 음악, 이미지를 생성하거나 코딩을 하는 등 창조적인 일도 수행할 수 있지요. 그래서 생산적이며 창의적인 영역의 지능까지 겸비하게 되었어요. 이러한 영역의 지능이 다양한 서비스에 적용되어서 과거 SF 영화에서만 보거나 상상만 하던 기능들이 서서히 현실에서 등장하고 있습니다.

특히 화제가 된 것은 인공지능이 프로그래밍을 스스로 할 수 있다는 것이에요. 프로그램으로 완성된 인공지능이 스스로 또 다른 프로그램을 만들 수 있다는 것은 놀라움과 두려움을 함께 주었지요. 현재 세계 곳곳의 프로그래머들은 인공지능의 도움을 받아서 업무 효율이 올라갔다고 말해요. 이외에도 다양한 분야에서 인공지능을 통해 일의 효율이 올라가고, 인간이 하기 힘든 일들을 대신하고 있습니다. 그러면 인공지능을 어떻게 하면 더 똑똑하게 만들어서 꼭 필요한 일을 잘하게 할 수 있을까요?

점점 똑똑해지고 있는 인공지능

인공지능을 더 똑똑하게 만들기 위해서는 3가지의 요소가 필요해요. 인공지능 이론, 빅데이터, 컴퓨팅 자원이 있어야 해요. 인공지능 이론을 개발하기 위해서 전 세계 많은 연구자들이 지금도 노력하고 있습니다. 어려운 수학 문제들을 풀거나 많은 실험을 통해서 기존에 없던 더 나은 이론을 만들기 위해서 공들이고 있지요.

최근 인공지능이 빠르게 발달한 이유는 딥러닝(Deep learning) 이론이 성숙하고 있기 때문인데요. 쉽게 말해 아주 많고 어려운 수학 문제를 한 번에 푸는 것과 같아요. 인공지능 모델의 크기는 파라미터 개수로 표현하는데요. 파라미터 또는 매개변수는 수학에서 문제나 함수의 특징을 나타내는 변수들을 말합니다. 2020년 이후에는 100억 개, 1,000억여 개의 파라미터를 사용하게 되었어요. 개수가 많아진 만큼 딥러닝을 통해 수학 문제를 푸는 데 많은 시간과 컴퓨터가 필요하겠지요? 이런 어려운 수학 문제를 푸는 데 꼭 필요한 것이 바로 빅데이터예요.

인터넷과 모바일이 빠르게 보급되면서 사람들은 많은 사진과 글을 소셜앱이나 웹사이트에 공유하게 되었고, 이 데이터들은 인공지능 기술이 발달하는 데 매우 큰 영향을 주었습니다. 이외에도 다양한 문서들이나 프로그램들, 공장이나 사무실에서 쌓이는 데이터들도 인공지능 발달에 중요한 요소예요.

2000년대부터 검색을 통해 많은 데이터와 사용자를 보유하고 있는 구글(Google)이나 강력한 소셜앱을 가지고 있는 페이스북(Facebook) 등은 막대한 자본이 필요한 인공지능 연구를 위해 우수 인재들을 영입했고 검색이나 소셜앱에서 모은 데이터를 통해 딥러닝 발달을 이끌었어요. 이것은 개인 맞춤형 광고, 추천 시스템 및 예측 분석과 같은 새로운 응용 프로그램의 개발로 이어졌죠.

국내에서도 정보를 제공하는 인터넷 회사가 가진 검색 데이터나 정보통신업체가 가진 전화음성 데이터 등은 인공지능 발달에 크게 기여했어요. 컴퓨터 제조업계의 데이터, 각 은행의 금융데이터들도 인공지능 연구개발에는 없어서는 안 될 중요한 자산이에요.

특히 인공지능 발달에 지대한 공을 세운 것은 그래픽처리장치(GPU:Graphics Processing Unit), 클라우드* 등의 발달인데요. 그래픽처리장치는 그래픽스 연산을 병렬적으로 처리하기 위해서 사용되는 컴퓨터 연산장치예요. 병렬적으로 처리한다는 것은 한 번에 여러 개의 업무를 동시에 처리하는 것을 뜻해요. 반대로 직렬적으로 처리한다는 것은 무엇을 뜻할까요? 입력이나 데이터를 하나씩 순서대로 처리하는 것을 의미합니다.

> ★ 클라우드(Cloud) 데이터(컴퓨터 파일)를 인터넷과 연결된 중앙컴퓨터에 저장해서 인터넷에 접속하기만 하면 언제 어디서든 데이터를 이용할 수 있는 것.

인공지능 모델들의 크기가 커지고, 처리할 데이터가 많아지면서 병렬적으로 많은 양의 데이터와 연산을 처리하는 것이 매우 중요해졌어요. 그래픽처리장치는 이런 연산에 최적이에요. 그래픽처리장치는 컴퓨터 화면에 그 크기에 맞는 영상의 RGB를 동시에 보여 주는 중요한 역할을 해 왔어요. 특히 화려한 그래픽이 중요한 게임이나 영화에서 그래픽스 기술은 아주 중요했답니다. 최근에는 인공지능 연산의 효율을 높여서 전기사용량을 낮추고 탄소배출을 줄이는 것도

인공지능 > 머신러닝 > 딥러닝의 관계

인공지능 인간지능과 유사한 작업을 할 수 있는 시스템 또는 프로그램, 그리고 이를 만드는 학문 분야.

↓

머신러닝 인공지능의 하위 분야로, 데이터를 기반으로
(기계학습) 학습하여 기계가 지능을 갖게 하는 기술.

↓

딥러닝 (요즘 대세.!')

머신러닝의 한 형태로, 다층의 레이어로 구성된 인공 신경망을 통해 데이터를 학습하여 지능적 작업을 수행하게 하는 기술.

지난 십 년 사이에 딥러닝을 통해 정말 어려운 문제들을 많이 풀었대.

우아, 이제 인공지능이 인간지능을 뛰어넘는 일들이 생기는구나.

좀 무서운데?

아주 중요한 이슈예요. 그래픽처리장치(GPU)를 넘어서 인공

지능 처리에 특화된 신경망처리장치★
도 많은 사람의 주목을 받고 있답니다.

이렇게 만들어진 인공지능들은 예전
에는 특정 업무를 하는 것에 특화되어 있었어요. 번역하는
인공지능, 신문기사를 쓰는 인공지능, 요약하는 인공지능,
그림을 그리는 인공지능, 작곡하는 인공지능, 얼굴을 인식
하는 인공지능, 글자를 읽는 인공지능 등이 모두 별도로 연
구 개발되었지요. 하지만 최근에는 좀 더 범용 인공지능 연
구개발이 가능해지면서 파운데이션 모델(Foundation model)에
대한 관심이 쏠리고 있습니다. 특정 문제나 입력, 결과 형
태에 제한되지 않고, 하나의 구조가 다양한 입력이나 결과
를 함께 처리해서 여러 가지 다양한 일을 수행하는 멀티모
달(Multi-modal), 멀티태스킹(Multitasking) 능력을 가진 모델을
파운데이션이라고 해요.

인공지능의 역사와 발전은 긴 시간 동안 이루어져 왔고,
많은 연구자들이 새로운 기술과 응용 분야를 개발하면서
지금도 새로운 역사가 기록되고 있어요. 아직 인공지능이
의지나 호기심을 갖는 수준에 도달하지 않아서, 나쁜 목적
을 갖고 인공지능이 스스로 일을 찾아서 하지는 않아요. 그

30

러나 인공지공의 능력이 계속 좋아져서 인간의 자유의지까지 모방할 수 있다면 어떤 일이 일어날까요? 어쩌면 새로운 사회적 문제가 생길 수 있을 것 같아요. 만일 누가 인공지능을 범죄에 활용한다면요? 이 문제를 어떻게 해결해야 할까요? 우리는 이처럼 인공지능의 기술적 발전과 함께 윤리적, 법적 제도의 고민이 필요한 시대를 살아가고 있습니다.

우리가 지금 컴퓨터나 스마트폰을 사용해서 해결하는 일들을 곰곰이 떠올려 볼까요? 알고 싶은 정보를 찾는 것은 물론 물건을 사거나 팔고, 내가 있는 곳에서 목적지까지 길 안내가 필요할 때도 이용할 수 있어요. 이제 컴퓨터나 스마트폰이 없는 세상은 상상할 수 없을 만큼 필수품이 되었지요. 그렇다면 최초의 컴퓨터는 과연 어땠을까요? 컴퓨터라는 명칭은 '계산하다'라는 라틴어 'Computare'에서 생겨난 말인데요. 뜻에서 알 수 있듯이 컴퓨터의 시초는 사실 최초의 기계식 계산기에서 시작되었어요. 최초의 기계식 계산기는 여섯 자릿수의 덧셈과 뺄셈을 계산했지요. 빌헬름 시카르트(Wilhelm Schickard)가 이 계산기를 1623년 독일에서 만들었어요. 그럼 최초의 프로그래밍이 가능한 컴퓨터는 언제 등장했을까요? 영국 수학자 찰스 배비지(Charles Babbage)가 기계식 계산기를 먼저 제작한 뒤 계산기를 해석할 수 있는 해석기관을 1835년에 발명했어요. 이 기계는 프로그래밍이 가능한 최초의 컴퓨터로 오늘날 인정하고 있어요. 세계 최초의 완전한 전자식 컴퓨터를 발명하는 데는 더 오랜 시간이 걸렸답니다. 미국 아이오와주립대학교 교수 존 빈센트 아타나소프(John Vincent Atanasoff)와 그의 조수였던 클리포드 베리(Clifford Berry)가 '아타나소프 베리 컴퓨터(Atanasoff-Berry Computer)'라는 일명 'ABC' 약자로 불리던 완성품을 1942년에 발표했어요.

영국의 수학자 앨런 매시선 튜링(Alan Mathison Turing)은 진공관을 이용하여 '콜로서스(Colossus)'라 불리는 암호해독용 기계를 만들었는데요. 1943년 12월에 군사적 목적으로 사용된 이 콜로서스를 세계 최초의 연산 컴퓨터라고 인정하는 사람들도 많아요. 하지만 이보다 더 중요한 컴퓨터의 핵심 구조를 처음 생각해 낸 사람이 있습니다. 오늘날 우리가 사용하는 데스크톱 컴퓨터나 노트북 컴퓨터, 스마트폰의 내부 구조에 변함없이 쓰이는 3가지 핵심 장치이죠. 중앙처리장치(CPU), 계산할 자료들을 보관하는 기억장치(RAM), 자료를 저장해 놓았다가 꺼내 쓰는 저장장치 하드디스크(HDD 또는 SSD)의 아이디어를 처음 제시한 사람은 헝가리 출신의 미국인 수학자 '폰 노이만(John von Neumann)'이에요.

세계 최초의 컴퓨터 중 하나로 꼽히는 'MARK-1'은 1944년 하버드대학교 교수였던 하워드 에이켄(Haward H. Aiken)이 IBM사의 후원을 받아 제작했어요. 이 컴퓨터도 주로 군사적 목적으로 사용되었는데, 최초의 프로그래밍이 가능한 범용 컴퓨터로 알려졌지요. 이보다 더 자주 언급되는 세계 최초의 컴퓨터 중 하나는 1946년 미국에서 개발된 에니악(ENIAC)이지만, 구조나 동작 원리 면에서 에드삭(EDSAC)이 더 최초의 컴퓨터에 가깝다고 보는 컴퓨터 공학자도 있어요. 사실 이 시기에는 과학자들이 컴퓨터와 비슷한 장치들을 개발하던 시기여서 지금도 '최초의 컴퓨터는 과연 어떤 것이냐'를 놓고 컴퓨터 공학자들 사이에서 의견이 엇갈려요. 이때 만들어진 컴퓨터는 거의 집 한 채만 한 크기여서 불편한 점이 많았습니다. 컴퓨터를 사용하려면 전기도 매우 많이 필요했고, 계산하는 주요 부품은 뜨거운 열을 발생시키는 데다가 고장도 자주 났지요. 컴퓨터 공학자들은 이때부터 컴퓨터를 점점 작게 만드는 것에 관심을 두었어요. 사무용 기기를 생산하는 사업을 하다가 중대형 컴퓨터 개발을 시작한 다국적 기업 IBM이 1952년 최초의 상업용 컴퓨터 'IBM 701'를 선보였어요. 1964년에는 IBM 시스템 360시리즈를 개발했는데, 당시 IBM를 대표할 만큼 가장 성공한 기업용 대형 컴퓨터였어요. 집 한 채만 한 크기는 아니었지만, 이 대형 컴퓨터를 두려면 방 하나가 필요할 정도의 크기였다고 해요.

　그렇다면 대한민국에서 처음 사용된 컴퓨터는 무엇이었을까요? 바로 1961년에 인구 조사를 위해 통계국에 설치된 2세대 컴퓨터 IBM 1401이었어요. 당시 IBM 1401은 전 세계에 14,000대나 팔린 뒤였지만, 신형 컴퓨터인 IBM 360을 한국에 들여오려면 1년 6개월이나 기다려야 해서 어쩔 수 없이 IBM 1401을 구매해야 했죠. 그때 당시만 해도 전기 공급이 원활하지 않아서 청와대 전선을 연결해 IBM 1401을 사용했지만, 이 컴퓨터의 도입으로 국내에서도 컴퓨터 시대를 알리는 계기가 되었어요. 그 당시 각 기관, 대학에서 연일 특강 요청이 왔는데, 그 주제는 대부분 '컴퓨터란 무엇인가?'였다고 합니다. 우리나라 가정에서 개인용 컴퓨터(PC: personal computer)가 사용되기 시작한 때는 1980년대 말부터예요. 이때부터 국내에서도 비로소 컴퓨터 시대가 활짝 열렸어요.

　오늘날 우리에게 익숙한 개인용 컴퓨터는 대형 컴퓨터를 집에서도 쓸 수 있다면 좋겠구나 하는 생각에서 비롯되었습니다. 개인용 컴퓨터를 처음 만들어 세상에 선보인 이들은 '스티브 잡스(Steve Jobs)'와 '스티브 워즈니

악(Steve Wozniak)'이에요. 스티브 잡스는 디자인과 마케팅을 담당했고, 공학

도였던 워즈니악은 컴퓨터 하드웨어를 디자인하고 개발하는 역할을 맡았

지요. 그들이 만든 '애플 I 컴퓨터'는 1976년 6월에 세상에 첫선을 보였고,

1977년 4월부터 판매한 '애플 II'는 세계 여러 나라에서 찾는 제품이 되었어

요. 이러한 개인용 컴퓨터를 누구나 만들어 팔 수 있도록 범용 운영체제인

'윈도(Windows)'를 만든 이가 바로 '빌 게이츠(Bill Gates)'고요. 이들의 발명품

이 세상에 미친 영향력은 지금 우리가 살아가는 모습을 보면 알 수 있어요.

빌헬름 시카르트의
최초의 기계식 계산기

1623년
독일

찰스 배비지,
최초의 프로그래밍이
가능한 컴퓨터 개발

1835년
영국

클리포드 베리, 세계 최초의
완전한 전자식 컴퓨터 발명

1942년
영국

폰 노이만
컴퓨터의 구조를
생각해낸 건 접니다!

앨런 튜링, 세계 최초의
연산 컴퓨터 콜로서스 개발

1943년
영국

1944년
미국

최초의 프로그래밍이 가능한
범용 컴퓨터 MARK-1 제작

1944년
미국 하버드

집 한 채만 한 크기에
고장도 잘 났었지.

최초의 컴퓨터라 불리는
에니악과 에드삭 개발

1946년
미국

최초의 상업용 컴퓨터
'IBM 701' 출시

1952년
미국 IBM

좀 작아졌어도
방 하나 크기였다고.

1964년
미국 IBM

성공한 기업용 대형 컴퓨터
IBM 360 시리즈 개발

빌게이츠

그리고 내가 Windows
운영체제를 개발했지.

1976년
미국 애플

스티브 잡스와 스티브 워즈니악,
개인용 컴퓨터 애플 l 개발

1983년
미국

2장
인공지능이 세상을
바꾸고 있다고?

인공지능은 어떻게 인간을 이긴 걸까?

1956년 인공지능이 처음 등장한 후 몇십 년 동안에는 산업현장이나 일상에서 사용 가능한 혁신적이고 파격적인 인공지능 기술이나 서비스는 등장하지 않았어요. 인공지능 연구에 뛰어들었던 많은 기업과 나라들은 시간이 지날수록 지쳤고, 그만큼 인공지능 개발에 대한 연구진들의 노력도 더디어졌어요. 그렇지만 IBM과 같은 일부 기업은 꾸준히 인공지능 연구 개발을 지속했답니다. 이렇게 인공지능이 실질적으로 사용되는 경우가 드물었던 이유는 현실에서는 단일지능이 아닌 복합지능이 필요하기 때문이었어요. 그리고 특정 상황에서 어떤 지능들이 필요한지 파악하는 것도 인공지능 연구 개발의 큰 숙제였지요.

이를테면, 2011년 2월 IBM의 인공지능 슈퍼컴퓨터 '왓슨(Watson)'과 인간 챔피언의 대결로 화제가 되었던 미국 ABC

방송국의 퀴즈쇼 '제퍼디(Jeopardy)' 같은 경우도 퀴즈쇼에 인공지능이 출전하기 위해서 아주 다양한 지능이 필요했어요. 특정 대답이 주어지고, 질문이 무엇인지 알아맞히는 이 게임에서 왓슨은 방대한 지식을 습득하고 실시간 검색을 하는 동시에 질문과 대답의 관계를 이해해야 했어요. 이 퀴즈쇼를 위해서 왓슨은 백과사전, 위키피디아, 참고문헌 등 100만 권의 책, 2억 쪽 분량의 지식을 학습했습니다. 그리고 퀴즈쇼 중에 벌어지는 대화들을 이해하고 사람처럼 말해야 했죠. 이를 위해서 수십 명의 과학자가 수년간 연구를 했어요. 3일간 대결에서 인공지능 왓슨이 결국 우승을 했는데요. 이건 정말 대단한 일이었어요. 대결 상대는 역대 가장 많은 상금을 탔던 브래드 러터(Brad Rutter)와 켄 제닝스(Ken Jennings)로 브래드와 켄은 지금까지 받은 우승 상금이 각각 50억 원이 넘는 대단한 챔피언들이었습니다. 그만큼 이 퀴즈쇼에 익숙한 전문가들을 상대로 인공지능 왓슨이 더 많은 문제를 맞혔다는 것은 놀라운 성과였어요. '제퍼디'는 1984년부터 지금까지 40여 년간 방송되고 있는 유명한 쇼이기에 그 당시 사회적 파장이 무척 컸지요.

우리나라에서는 2016년 이세돌 9단과 알파고의 역사적인 대결이 있었습니다. 그런데 혹시 아시나요? 이 역사적인 바둑 대결보다 앞서 무려 20년 전인 1997년에 인공지능이 인간 세계체스챔피언을 이긴 적이 있었어요. 인간 세계체스챔피언을 이긴 인공지능 이름은 딥블루(Deep Blue)로, 이 딥블루를 만든 회사도 IBM이었죠. 하지만 이 딥블루가 1996년에는 인간 세계체스챔피언에게 졌다는 것을 기억하는 사람은 많지 않아요. 1996년 2월 딥블루는 인간 세계체스챔피언 그랜드마스터 가리 키모비치 카스파로프(Gari Kimovich Kasparov)에게 2승 4패로 졌어요. 그리고 다시 일 년 후쯤에 인공지능의 성능이 얼마나 향상되었는지 알아보기 위해 1997년 5월에 재대결을 했는데요. 인공지능 이름도 디퍼블루(Deeper Blue)로 바뀌었죠. 재대결을 한 승부는 2승 3무 1패라는 아슬아슬한 차이로 인간 세계체스챔피언을 이겼습니다. 그런데 심지어 딥블루 전에는 딥소트(Deep Thought)라는 이름의 인공지능이 1989년 카스파로프에게 처참하게 졌습니다. 딥소트, 딥블루, 디퍼블루를 연구 개발하기 위해서 인공지능 연구자들은 체스에 대해 매일매일 10년 이상을 관찰하고 실험했을 거예요. 아무리 많은 실패 속에서도 그 오랜 기간 인내한 인공지능 연구자들이 없었다면, 우리는 인공지능의 놀라운 기술 발전을 보지 못했을 거예요.

이 역사적인 승리에는 인간 세계체스챔피언 카스파로프

의 역할도 컸어요. 인간이 인공지능의 도전을 계속 받아준 것 자체가 인공지능 기술 발전에 대한 응원이었다고 생각해요. 또한 이 대결들을 통해 얻은 지혜에 대해 2017년 테드(TED)에서 그는 멋진 강연을 했습니다. 제목은 "지능을 가진 기계를 두려워하지 말고 그 기계들과 함께 일하세요(Don't fear intelligent machines. Work with Them)"로 강연 중에 러시안 속담을 인용했어요.

이길 수 없는 상대와는 같은 편이 되는 게 좋습니다.

If you can't beat them, join them.

기계는 계산력이 있고, 인간은 이해력이 있습니다.

Machines have calculations, we have understanding.

기계는 지시받은 대로 일하고, 인간은 목적을 가지고 일합니다.

Machines have instructions, we have purpose.

기계는 객관성이 있고, 인간은 열정이 있습니다.

Machines have objectivity, we have passion.

우리는 기계가 오늘 무엇을 할 수 있는지에 대해 걱정하지 말아야 합니다.

We should not worry about what machines can do today.

차라리, 우리는 기계들이 오늘 할 수 없는 것들에 대해 걱정해야 합니다.

Instead, we should worry about what they still cannot do today.

왜냐하면 우리의 원대한 꿈들을 현실로 만들기 위해서는 지능을 가진 새로운 기계들의 도움이 필요하기 때문입니다.

Because we will need the help of the new, intelligent machines to turn our grandest dreams into reality.

인간다움은 능력으로 정의되지 않습니다.

Our humanity is not defined by any skill.

인간만이 할 수 있는 일이 하나 있습니다. 그것은 꿈을 가지는 거예요.

There's one thing only a human can do. That's dream.

큰 꿈을 품어 주세요.

Let us dream big.

딥블루가 결국 체스를 잘할 수 있던 건 엄청나게 많은 계산을 동시에 할 수 있었기 때문이에요. 인간도 계산을 빨리하기도 하지만, 여러 계산을 동시에 한꺼번에 할 수는 없죠. 이런 방식을 1장에서 설명했듯이 병렬처리라고 해요. 컴퓨

1997년 딥블루 vs 가리 카스파로브

2승 4패로 인간의 승리!

그다음 경기에서는 졌지만…

GARI KASPAROV

DEEP BLUE

2011년 제퍼디 쇼

퀴즈쇼 우승은 왓슨!

와~

$4,200
ken

$8,756
WATSON

$3,000
BRAD

2016년 알파고 vs 이세돌 9단

4승 1패로 알파고의 승리!

AlphaGo   LeeSedol

이길 수 없는 상대와는 같은 편이 되는 게 좋습니다.

인간만이 할 수 있는 일이 하나 있습니다. 그것은 꿈을 가지는 거예요.

터가 인간보다 훨씬 잘할 수 있는 독특한 능력이죠. 최근 인공지능의 능력이 매년 계속 발전하는 이유도 이 병렬처리 덕분이에요. 이 병렬처리 능력이 빛을 발한 것은 앞서 언급한 2016년 이세돌 9단과 알파고의 대결이에요. 일주일 동안 경기가 벌어졌는데요. 다들 너무너무 관심이 많았죠. 누가 이길지에 대해 뜨거운 토론이 곳곳에서 벌어졌어요. 하지만 첫 경기가 끝나고 이런 열띤 토론들은 식었어요. 생각보다 알파고의 바둑 실력이 너무 훌륭했거든요.

나중에 알려진 사실로는 경기가 있기 전 5개월 동안 알파고는 백만 경기를 연습했고, 실시간으로 백억 원에 해당하는 중앙처리장치와 그래픽처리장치가 사용되었다고 해요. 고성능 그래픽처리장치 1,202개, 중앙처리장치 176개라고 하니 각 가정에 있는 컴퓨터와는 비교할 수 없는 높은 성능을 가진 네트워크로 연결된 슈퍼컴퓨터였죠. 이토록 큰 규모의 컴퓨터들은 1초에 10만 수를 둘 수 있다고 해요. 바둑 한 경기가 보통 약 200수 정도니, 1초면 이미 몇백 경기는 둘 수 있는 능력이 있는 거죠.

세 경기에서는 이세돌 9단이 연속 졌지만, 네 번째 경기에서 이세돌 9단의 78번째 흑돌은 신의 한 수였고, 인공지능이 예측하지 못한 수였어요. 네 번째 경기는 이세돌 9단이 승리했지만, 승부는 결국 4승 1패로 알파고의 최종 우승으로 마무리가 되었습니다.

이 대결에서 결정적인 역할을 한 것은 병렬처리뿐만이 아니에요. 이때 활용된 대표적인 인공지능 기술은 강화학습이에요. 강화학습은 주어진 환경 속에서 인공지능이 매번 내린 판단에 대해서 리워드(Reward)라고 불리는 보상을 주는 방식으로 학습을 합니다. 보통 인공지능 등 알고리즘은 목적함수를 최소나 최대로 만드는 변숫값을 찾으면, 해답의 근삿값을 찾았다고 하는데요. 이렇게 근삿값을 찾아가는 과정에서 목적함수의 값이 작아지거나 커지는지 확인해요. 보상을 준다는 것은 이러한 목적함수에 특정값을 빼거나 더하는 식으로 이루어져요. 그럼 좀 더 보상을 크게 하는 근삿값을 찾게 되는 거죠. 그래서 인공지능은 주로 주어진 환경이 일정하고 미리 정해진 상황에서 가장 잘 동작할 수 있어요. 즉 가상환경의 시뮬레이션에서 좋은 결과를 낼수 있죠.

알파고 이후 인공지능의 바둑 실력은 엄청난 속도로 향상되었어요. 이세돌 9단은 인공지능을 이긴 마지막 고수로 기록될 것 같아요. 여러분의 생각은 어떤가요? 알파고 같은 게임 인공지능을 이기는 사람이 또 나타날까요? 알파고 이

후에 스타크래프트나 다양한 컴퓨터게임들을 인공지능이 섭렵하는 경우가 많았는데요. 그런 경우 주로 강화학습이 인공지능에 사용되었다고 할 수 있어요. 앞으로 강화학습의 발전은 로보틱스나 대용량 언어모델 개발에서도 큰 역할을 할 것으로 보여요. 지금도 인공지능의 혁신은 계속되고 있어요. 다행인 건 여전히 풀어야 할 문제들이 많다는 거예요. 융합지능을 갖게 하는 것이나 사람들과 안전하게 어울려 실시간으로 움직이면서 여러 물건을 조작하는 능력은 아직 풀리지 않은 영역이에요.

여러분은 어떤 인공지능 문제에 도전해서 해결하고 싶은가요? 인간에게는 당연한 상황들도 인공지능이 그 상황에서 인간처럼 자연스럽게 생각하고 행동하기 위해서는 정말 많은 연구와 실험이 필요해요. 수년간 수십 명의 연구자들이 성공할지 실패할지 모르는 불확실한 상황 속에서 서로를 격려하며 어려운 문제들을 하나하나 풀어 나가야 하죠. 인공지능은 다양한 지능이 융합되어서 작동되기 때문에 각각의 지능이 완성된 후에도 융합을 위한 여러 고민들과 도전들이 있을 거예요.

인간처럼 대화가 가능한 인공지능이 있다고?

인공지능의 능력을 평가하는 기준으로 역사적으로 유명한 것은 튜링 테스트(Turing Test)예요. 튜링 테스트는 컴퓨터 프로그램의 인공지능이 인간 수준에 이르렀는지 판단하는 기준이 되는 시험이에요. 인공지능과 대화를 한 후에 방금 나누었던 대화가 인간에 의한 것인지 인공지능에 의한 것인지 구별이 힘들 경우, 인공지능이 인간지능의 수준에 도달했다고 판단해요.

인공지능과 대화를 하고자 하는 시도는 1960년대로 거슬러 올라갑니다. 1960년대는 집마다 개인용 컴퓨터(PC)가 보편적으로 사용되기 십오 년 전이었어요. 메사추세츠공과대학교(MIT) 교수 조세프 와이젠바움(Joseph weizenbaum)은 엘리자(Eliza)라는 챗봇(chatbot)을 개발하여 사용자와 간단한 대화를 나누게 했어요. 엘리자는 다양한 역할로 설정 가능했는데요. 그중에서도 사용자가 의사 역할로 설정된 엘리자와 대화를 나누는 경우가 매우 유명했어요.

여러분 혹시 챗GPT를 사용해 본 적이 있나요? 미국의 회사 오픈AI에서 2022년 11월에 출시한 챗GPT가 2023년 초부터 세계적으로 큰 화제였죠. 사람과 대화를 하듯이 질

문창에 질문을 문장으로 입력하면 챗GPT는 문법에 맞는 아주 자연스럽고 심지어 논리적으로 보이는 답변을 해요. 오픈AI 회사는 2014년에 설립되어서 다양한 인공지능 기술을 개발했는데요. 그 대표적인 것이 GPT(Generative Pre-trained Transformer)예요. 문장을 자연스럽게 생성하기 위해서 사전학습된 인공지능 모델이지요. 특히 트랜스포머(transformer)라고 불리는 모델은 특정 단어를 만들기 위해서 주변 단어들을 참고하고, 특정 이미지 패치를 만들기 위해서 주변에 그려진 그림들을 참조하는 특화된 능력으로 유명하답니다.

GPT가 처음 등장한 것은 2018년이에요. 그 이후로 매년 성능이 새롭게 개선되었는데요. 뉴스 기사를 작성하고, 시를 쓰고, 프로그램을 작성하는 능력을 선보여서 많은 화제가 되었어요. GPT는 보통 사람들보다 글쓰기, 질의응답, 요약 등의 언어 작성 능력이 뛰어났어요. 인터넷 정보를 기반으로 꽤 설명이 정확한 글을 작성하고, 감동을 주는 예술적인 시를 쓰는 것도 가능해요. 프로그램의 경우 오류 없이 작동해서 놀라움을 주었죠. 과거에 주고받은 대화를 기억하는 것도 아주 놀라운 능력인데요. 기존의 인공지능은 바로 앞서 입력한 질문만 기억하곤 했지만 최근 인공지능들은 과거에 주고받은 여러 번의 대화를 기억해서 답변을 만들어요.

인공지능의 큰 특징 중 하나는 여러 언어를 할 줄 아는 것이에요. 인터넷에서 사용되는 문서 중 대부분은 영어로 작성되어 있습니다. 그래서 인공지능이 인간보다 영어를 잘하기는 상대적으로 쉬워요. 전 세계 인구 80억 중 대한민국 인구는 5천만 명 정도 입니다. 세계 인구의 1%도 안 되는 것이지요. 그래서 한글로 된 문서의 비중도 1%보다 훨씬 적답니다. 하지만 최근 인공지능들은 이런 적은 비중의 다양한 언어들도 할 수 있는 능력이 있어요. 최근 인공지능들은 변호사 시험, 의사 시험, 수학 문제 등을 풀 수 있는 능력이 있는 것으로 알려져 사람들에게 화제였어요. 전문가들 수준 이상의 능력이 있다는 것을 여러 시험 점수로 증명하였죠.

이제 더는 튜링 테스트를 언급하는 일은 많지 않아요. 그만큼 인공지능이 표현하는 언어의 자연스러움은 당연한 것이 되었답니다. 이런 기술의 발전이 2018년부터 5년 사이에 빠르게 일어난 것은 연구개발자들에게도 일반인들에게도 큰 놀라움을 주고 있어요. 이렇듯 인공지능의 빠른 발전이 가능했던 이유는 몇십 년 동안 쌓인 인공지능 계산이론들*의 발전과 모바일, 인터넷 시대로 모이게 된 많은 빅데이터

그리고 그래픽처리장치, 클라우드 등 컴퓨팅 자원의 발달이 큰 역할을 했어요.

생활 곳곳에 사용되는 인공지능

집에 있는 스마트 스피커에 연결된 TV에 초등학생 동생이 말을 걸면 어린이 프로그램으로 자동 연결되어요. 분명 엄마가 TV를 켜면 어른들이 보는 프로그램이 나오는데 말이죠. 스마트 스피커는 어떻게 어린이를 알아봤을까요? 카메라로 보고 있는 것도 아닌데 말이에요. 그렇다면 스마트 스피커도 인공지능일까요?

2006년 아이폰이 출시되고 5년이 지난 2011년 애플은 시리(Siri)라는 서비스를 선보였어요. 핸드폰의 버튼이나 화면을 누르지 않고, 사람과 대화하듯이 핸드폰에게 궁금한 것을 묻거나 특정 동작을 하도록 지시할 수 있었죠. 하지만 당시에는 영어만 알아들었고, 꽤 유창한 발음과 문법적으로 올바른 영어만 알아들었기에 특히 우리나라와 같은 해외 사용자들에게는 큰 호응을 얻지 못했어요. 그 뒤로 음

성으로 대화하는 서비스와 디바이스*들은 더욱 많아졌어

＊ 디바이스(device) 컴퓨터에 온
라인으로 연결하는 주변 기기 장치.

요. 아마존에서 2014년에 스마트 스
피커 알렉사(Alexa)를 출시한 것은 큰
화제가 되었죠. 많은 가정에서 음악이나 라디오를 듣는 용
도로 흔했던 스피커에 인공지능을 더해서 새로운 활용처를
제시한 거예요. 알렉사에게 말로 날씨를 묻고, 음악을 틀
어 달라고 하고, 집 안에 있는 가전제품들과 연동해서 전등
을 켜고 끄거나 온도를 조절하고 커튼을 움직이는 등의 기
능들은 큰 주목을 받았어요. 2016년 구글에서 스피커를 출
시하자 한국에서도 정보통신업계의 다양한 회사들이 앞다
투어 스피커를 출시했죠. 스마트 스피커는 정해진 호출어를
불렀을 때부터 음성인식을 시작하도록 설계되어 있어요. 호
출어를 입력하기 전에 들은 내용은 처리하지 않아요. 호출

＊ 서버(Server) 인터넷을 통
해 특정의 프로그램을 사용
하는 컴퓨터 또는 소프트웨어
에게 서비스나 정보를 제공하
는 역할을 수행하는 컴퓨터.

어를 부른 후에는 마이크가 활성화되어
서 들은 소리를 서버*로 보낸답니다. 서
버에서는 소리를 음절로 나누고 그 음절
을 다시 특정 언어의 단어나 문장들로
변환하는 거예요. 이때 소리를 음절로 변환하고 음절들을
단어들로 변환하는 것은 중요한 인공지능의 능력이에요. 최
근에 딥러닝 개발로 이 두 가지 변환을 한 번에 처리하는

기술도 활발히 사용되고 있답니다.

그런데 스마트 스피커가 한 번에 말을 못 알아들을 때가 있어요. 곡명이나 채널명을 말했는데, 잘 못 알아듣는데요. 이게 그렇게 어려운 일일까요? 스마트 스피커가 알아듣기 힘든 단어들은 고유명사예요. 그리고 영어, 숫자, 한국어가 섞여 있는 단어들이죠. 사람도 사람의 이름이나 처음 들어보는 도시명이나 제품명이 어렵듯이 인공지능도 많이 들어보지 않은 단어들을 음성인식하는 것은 아직도 풀어야 할 숙제랍니다. 또한 사투리나 방언을 음성인식하기 위해서는 그 지역에서 사용되는 발음이나 단어들을 녹음하여서 데이터로 만드는 것이 필수예요. 인공지능은 학습을 통해서 지능을 갖게 되니까요. 들어 보지 않은 단어나 학습하지 않은 단어를 모르는 것은 인공지능도 마찬가지예요. 이런 음성인식 기술의 활용이 이제 인식을 넘어서 인증 단계로 넘어가기 시작했습니다. 최근 출입구에서 얼굴로 인식해서 입장을 허락하거나 핸드폰에서 지문인식을 통해 로그인하거나 결제하는 것은 보편적으로 많이 사용되기 시작했어요. 공항에서도 얼굴, 손가락, 손바닥 등으로 인증해서 출입국을 허락하기도 하죠. 그런데 얼굴을 보지 않고 목소리만 듣고도 누구인지 알아맞히는 기술도 있어요. 그것이 목소리인증이에요.

쌍둥이의 얼굴을 구분하기 힘들듯이, 가족들의 목소리를 각각 구분하는 것은 아직 어렵기도 합니다. 대신 회의에 참석한 일정한 사람 중에 말을 한 발화자를 구분한다든지, 스마트 스피커에 말하는 화자가 어린이인지 구분하는 기술은 어느 정도 발달했어요. 특히 특정 문장을 미리 녹음해서 그 문장을 통해 화자가 누구인지 구분하는 기술은 인증 서비스에 점차 적용되고 있습니다. 이렇듯 인증하는 기술로 가장 많이 쓰이고 있는 건 영상인식 기술이에요. 비전기술이라고도 하죠. 자동차 번호판 인식, 핸드폰의 지문인식, 출입문의 얼굴인식 등에 활발하게 쓰이고 있는 기술이에요. 카메라를 통해서 얼굴을 보고 성별이나 인종, 나이를 알아맞히는 기술은 꽤 오랫동안 연구되었어요. 이런 얼굴인식 기술은 출입구에서 얼굴ID로 통과하는 수준에 이르렀죠. 우리가 웹사이트나 앱에 아이디와 패스워드를 입력하듯이 소프트웨어에 얼굴 사진을 아이디로 등록하면, 동일한 사람의 얼굴이 카메라에 찍혔을 때 출입을 허용해 주는 것이 얼굴인식 기술이에요. 최근 코로나로 마스크를 썼을 때, 마스크를 쓴 얼굴도 99% 이상의 정확도로 인식하는 기술 등이 화제가 되었죠.

인공지능이 인증하는 일을 대신해 주면, 출입 시에 차량 번호를 물어보거나 신분증을 보여 주는 시간을 절약할 수 있고, 이러한 단순 반복 업무에서 사람은 자유로워질 수 있죠. 그런데 단순 반복 업무들이 자동화되는 것이 과연 좋기만 한 일일까요?

예전에는 공장에 사람들이 정말 많았어요. 물건을 나르는 일, 제품의 품질을 확인하는 일들을 다 사람이 했죠. 그런데 운반, 검사 등의 작업을 인공지능과 로봇들이 하게 되면서 공장은 거의 무인으로 운영되고 있어요. 장점이라고 하면 24시간 7일 동안 쉬지 않고 가동될 수 있다는 것이죠. 하지만 제조공장에서 사람의 일자리가 없어지는 것에 대해 우려하는 사람들도 많습니다. 사람의 일자리가 줄어드는 사회적 이슈가 생길 수 있어요. 여러분은 어떻게 생각하나요? 우리 일상에서 인공지능을 점점 더 많이 접하게 된다면 앞으로 어떤 일들이 일어날까요?

인공지능은 네가 보고 싶은 동영상을 알고 있다.

내가 좋아하는 축구 선수의 경기를 보고 있었는데, 유튜브에서 그 선수의 과거 영상을 바로 추천 영상으로 보여 줘요. 노트북을 사려고 검색을 하고 있었는데, SNS에 광고 영상으로 바로 같은 제품 CF가 뜹니다. 내가 좋아하는 것, 하려고 하는 행동을 인공지능은 어떻게 아는 걸까요? 나의 마음과 생각을 정말 아는 걸까요?

추천 콘텐츠를 제공하는 데에 보편적으로 쓰이는 기술은 협업 필터링(Collaborative filtering)이에요. 비슷한 선호도를 가진 사용자들을 찾아서 공통적으로 관심 있을 만한 콘텐츠를 추천해 주는 것이지요. 협업 필터링의 반대되는 기술은 내용 기반 필터링(Content based filtering)인데요. 사용자가 방금 본 콘텐츠와 내용이 유사한 콘텐츠를 추천해 주는 것이죠. 이렇게 콘텐츠 내용의 유사도를 판단하는 것은 어렵고 복잡한 기술이에요. 사용자마다 보는 관점이 다르고, 콘텐츠에 포함된 음악, 영상, 등장인물, 시나리오, 제품, 배경, 분위기 등 고려할 요소들이 많고, 같은 내용이라고 해도 콘텐츠의 품질을 정량*적으로 평가하는 일은 정답이 없을 수도 있죠. 이렇게 정량적인 정

> ★ **정량(定量)** 일정하게 정해진 수량이나 분량.

답이 없는 문제는 인공지능에게 시키기 어렵답니다. 그래서 아직까지 내용 기반 추천을 하기보다는 사용자가 지금까지 본 이력의 유사도를 기반으로 추천하는 협업 필터링이 더 보편적으로 사용되고 있어요. 하지만 인공지능의 능력이 점점 더 커지면 내용과 품질을 잘 판단할 수 있는 기술도 등장할 것 같아요. 사용자 과거 이력과 상관없이 추천할 수 있다면 누구도 본 적 없는 새로운 콘텐츠에 대한 추천도 쉬워질 거예요. 그런데 이런 추천 인공지능은 과연 아무런 문제가 없는 걸까요? 사실 이러한 추천 인공지능도 사회적 문제를 일으킬 수 있어요. 그중 하나는 의견의 양극화이고 다른 하나는 중독입니다.

의견의 양극화는 왜 일어나게 되는 걸까요? 자신이 원하는 콘텐츠, 자신의 생각과 일치하는 글과 동영상만 보다가 보면 세상이 모두 단 하나의 생각과 의견만 가졌다고 착각하게 될 수 있기 때문이에요. 자신이 원래 가지고 있던 의견에만 큰 확신을 가지는 것이죠. 그러면 세상에 있는 다양한 생각들과 의견들을 접할 수 없어 각자의 생각만 강해지면 양극화가 더 깊어져 사회가 분열되기 쉽습니다. 따라서 인공지능이 추천해 주는 콘텐츠를 수동적으로 그냥 보는 것이 아니라 다양한 생각을 담은 콘텐츠를 적극적으로 찾아서 보고 의견이 다른 사람들과 만나는 기회를 늘려야 해요.

또 다른 문제는 중독이에요. 예전에는 TV를 바보상자라고 불렀어요. TV 앞에 앉아서 움직이지도 않고 TV만 뚫어지게 온종일 보고 있으면 바보가 된다는 뜻이었죠. 추천 인공지능은 자신이 원하고 흥미로운 콘텐츠를 무한히 제공해 주기 때문에, 멈춤이라는 것이 없어요. 추천 인공지능이 선택해서 보여 주는 콘텐츠만 보다 보면 시간이 훌쩍 흘러가죠. 따라서 일상과 균형을 이루기 위해 건강한 인터넷 사용 습관이 중요해요. 어떻게 하면 건강한 인터넷 사용 습관을 기를 수 있을까요? 지금까지는 틈만 나면 인터넷을 사용했다면, 일정 시간이나 콘텐츠의 수를 정하여 동영상과 글을 보거나 인터넷 검색을 해야 해요. 습관은 꾸준히 해야만 나중에 자연스럽게 행동할 수 있어요. 여러분도 건강한 인터넷 사용 습관을 지금부터 연습해 보는 건 어떨까요?

로봇과 인공지능이 결합되면 어떻게 될까?

공장이 무인으로 운영될 수 있는 건 인공지능과 로봇기술이 발전했기 때문이에요. 우리나라는 전 세계적으로도

아니! 이 친구 추천을 기막히게 잘하네!
어쩜 내가 딱 보고 싶은 것만 권하는지.
자~ 다음은 이거 어떠신지?
AI
잘하네~ 이 친구…
아이고~ 갇혀 버렸네.
그거 그만 보고 밖으로 나와!

제조업이 강한 나라이고, 산업용 로봇 자동화 비중으로는 세계 1, 2위를 다툽니다. 로봇들이 공장에만 있던 시대에서 이제는 식당에 가면 서빙 로봇(Serving Robot)들을 종종 보게 되는 시대로 바뀌고 있어요. 가끔 도로나 아파트 단지에서 배송 로봇(Delivery Robot) 실험하는 것을 보기도 해요. 그런데 영화 속 로봇들은 사람 같은 팔도 있고 다리도 있던데 실제 보이는 로봇들은 팔도 다리도 없이 몸체로 굴러다니는 모습이에요. 로봇이 팔과 다리를 갖는 건 어려운 일일까요?

사람은 두 다리로 걷지만, 대부분의 육상 동물은 두 개이상의 다리를 움직여서 걸어요. 갓 태어난 아기는 걷지도 못하고 심지어 앉아 있지도 못하잖아요. 아기는 태어난 지일 년이 지나야 두 다리로 걷게 되지요. 그사이에 아기는 정말 많은 훈련을 합니다. 걷는 중에 오른쪽과 왼쪽 다리에 교대로 힘을 주어야 하는데, 순간적으로 한 다리로 서 있으려면 사람도 온몸의 근육을 사용해서 균형을 맞추어야 하거든요. 로봇도 두 다리로 걷게 하는 건 정말 어려운 일이에요. 특히 로봇이 장애물을 넘어 계단을 오르거나 오르막길이나 내리막길을 안정적으로 걷는 것도 아직 해결되지 않은 기술이지요. 그래서 로봇은 대부분 바퀴를 사용해요. 하지만 바퀴를 사용한다고 해도 로봇이 높은 턱을 넘는 건 여전히 해결해야 할 문제예요.

　로봇에게 팔을 다는 것도 무척 어려운 일이에요. 사람의 팔은 어깨의 회전, 팔꿈치의 회전, 손목의 회전 등 일곱 종류의 회전을 할 수 있는데요. 이 일곱 개의 회전 움직임은 독립적이기보다는 원하는 행동을 위해 서로 밀접하게 연결되어 있습니다. 사람은 움직이면서 끊임없이 주변의 상황을 살피고 신체가 주변에 닿았을 때 피부의 촉감으로 바로 감지할 수 있죠. 이렇게 환경과도 유기적으로 반응할 수 있는 건 인간지능의 능력이에요. 아직 인공지능은 주변의 환경과 상황을 감지하고 인식하고 판단하는 능력이 높지 않기에 움직이는 로봇팔 주변은 안전하지 않아요. 로봇에게 아주 정확한 팔의 움직임을 따라 하게 하는 것은 꽤 고도화된 기술이기 때문이죠. 그래서 아직 일상 속에서 팔이 달린 로봇을 보는 것은 어려워요. 대신 공장과 같이 공간의 변화가 적고 사람과의 만남이 적은 환경에서는 로봇팔이 활발히 쓰이고 있어요.

　우리가 자주 사용하는 가전제품이나 타고 다니는 자동차, 비행기, 배 등은 거의 로봇들이 만들고 있어요. 각 가정에 로봇이 등장하기까지는 로봇이 다양한 환경 속에서 자유롭게 이동할 수 있고, 여러 가지 상황 속에서도 안전하게

작업할 수 있는 인공지능이 완성된 후에야 가능할 것 같아
요. 앞으로 10년간 인공지능 발전이 더욱 고도화된다면, 집
에서 로봇을 만나는 일이 일상이 될 수 있을 거예요.

인공지능이 그림을 그린다고?

2022년 미국 콜로라도에서 열린 박람회에서 디지털아트
분야 1등을 한 작품이 인공지능 미드저니(Midjourney)로 생
성된 것이라고 해서 화제와 논란이 되었어요. 디지털아트
분야에 작품을 제출했던 다른 참가자들은 사람이 하지 않
고 인공지능을 사용한 예술작품이 수상하는 것이 과연 적
합한 것인지 아닌지를 두고 논란을 벌였어요. 1등 작품의
작가는 인공지능을 사용해서 작품을 만드는 것도 실제로
백 시간 정도의 작업 시간이 걸렸고, 그 많은 작품 중에서
세 점의 출품작을 결정한 것은 엄연히 작가의 역량이라고
변론했어요.

불과 십 년 전만 해도, 감성적인 영역과 더불어 창작의
영역은 인간지능의 고유한 역량이라고 생각했어요. 아무리
인공지능이 발달한다고 해도 사람이 가진 창작 능력은 모

방할 수 없는 개개인의 독창적인 능력이라고 여겨졌지요. 하지만 2021년 1월에 오픈AI에서 달리(DALL-E)를 공개하면서 사람들은 충격에 빠졌습니다. 달리는 인터넷에 존재하는 사람이 그린 그림을 찾아내는 것이 아니라, 사용자가 입력한 텍스트를 기반으로 세상에 없던 새로운 그림을 그려내요. 입력 텍스트의 내용을 정확히 이해하는 것도 놀라웠고, 이해한 텍스트를 기반으로 그린 그림의 완성도가 높아 사람들이 충격을 받았어요. 게다가 일 년이 지난 2022년 4월에 발표된 달리 2가 제공하는 그림의 창작 자유도나 완성도를 본 사람들에게 더 큰 충격을 주었습니다.

2030년에는 생성되는 콘텐츠의 약 67%는 인공지능이 만든 것일 거라는 예측이 있어요. 인공지능이 만드는 글, 그림, 음악, 동영상 등을 활용하는 것은 재미나 취미의 영역이 아니라 이제 창작을 직업으로 하는 전문가들이 적극적으로 이용하는 기본적인 방식이 된다는 것이지요. 뉴스 기사나 소설, 연설문, 보고서 등을 작성하기 전에 다양한 초안을 작성하는 것은 인공지능에게 맡기고, 작성된 초안을 검토하고 좋은 초안을 골라서 수정하는 일이 사람의 주요 업무가 될 거라고 내다보고 있어요. 다만 인공지능이 작성한 초안은 거짓을 포함할 수도 있고, 다른 사람의 저작권이

나 초상권을 침해하는 콘텐츠가 포함되어 있을 수도 있으니 주의해야 해요. 인공지능이 창작한 콘텐츠를 어떻게 활용하고 상용화할 수 있을지에 대한 법률과 제도에 대한 논의가 활발해지고 있어요. 특히 학교에서는 숙제나 시험에 인공지능을 활용할 수 있는가에 대한 논란이 뜨겁죠. 선생님들과 교수님들은 수업 시작 전에 인공지능 활용에 대한 지침을 안내하기도 해요.

과거에는 특별한 재능을 지닌 사람들만 예술가나 창작자를 했다면, 이제는 흥미와 관심이 있다면 재능이나 많은 훈련 없이도 콘텐츠 창작자의 길을 걸을 수 있게 되었어요. 인공지능 때문에 직업들이 사라지는 것처럼 보이지만, 오히려 인공지능을 잘 사용한다면 기존에는 불가능했던 기회들이 생기는 것이지요.

인공지능 기술, 디자인, 디지털 제품 구축 세계 탐구자인 리누스 에켄스탐(Linus Ekenstam)의 트윗의 문장 "인공지능이 사람을 대체하는 것이 아니고, 인공지능을 활용하는 사람이 사람을 대체할 것이다(AI will not replace humans, but humans with AI will replace humans without AI)"가 인공지능 업계에서는 널리 알려졌는데요. 이 문장에 인공지능 업계 사람들도 동의하기 때문이지 않을까요?

　사람들이 개인용 컴퓨터를 일상적으로 사용하던 2011년에 세상을 깜짝 놀라게 한 인공지능이 나타났어요. 바로 IBM에서 선보인 왓슨(Watson)이에요. 왓슨은 인간의 언어를 이해하고 판단하는 데 최적화된 인공지능 슈퍼컴퓨터였어요. 미국 퀴즈쇼 '제퍼디'에서 인간 챔피언을 누르고 우승하여 왓슨은 전 세계 뉴스에 보도되었지요. 그 후 IBM에서는 의사를 보조하는 역할을 하는 의료용 왓슨을 개발했지만, 의사들은 처방, 치료방법 등 왓슨의 성능에 대해 신뢰성이 떨어진다고 평가하기도 했어요. 그러다가 2023년 7월 IBM은 '왓슨X'를 대대적으로 소개했어요. 신뢰할 수 있고 편향성이 없는 데이터를 선별하는 파운데이션 모델(가공하지 않은 방대한 데이터를 사전에 학습한 인공지능)이라고 설명했지요. 이미 훈련된 모델이기 때문에 왓슨X를 이용하는 기업은 추가 데이터 준비, 학습에 들어가는 시간과 비용을 아낄 수 있는 장점이 있다고 해요. 한국어 서비스는 2024년 중에 공개될 예정이랍니다.

　2016년 3월 9일은 전 세계 이목이 서울 종로구의 한 호텔에 쏠린 날이었어요. 구글 딥마인드가 만든 인공지능 바둑 프로그램 '알파고(AlphaGo)'와 이세돌 9단 간 '세기의 승부'가 시작되는 날이기 때문이었죠. 당시 바둑계 사

람들 대부분은 이세돌 9단이 승리할 거라고 말했어요. 하지만 알파고는 인간의 예상을 벗어나는 수를 1분~1분 30초 만에 던지며 이세돌 9단을 심리적으로도 압박했어요. 당시 공식 해설을 맡았던 김성룡 9단은 "인간은 점점 판이 어려워지면 길게 생각을 할 수밖에 없는데, 알파고는 1분 30초 안에는 무조건 수를 두고 있다."라고 말했어요. 장고 끝에 인간이 수를 둬도 알파고가 1분 만에 다시 수를 둘 경우, 인간은 자신의 판단을 의심하며 마음이 흔들릴 수 있다는 뜻이었죠. 알파고와 이세돌 9단 간의 총 다섯 번의 대국 중 네 번째 대결이 펼쳐진 3월 13일에 백돌을 쥔 이세돌 9단이 끝내 알파고를 이겼어요. 이세돌 9단은 "한 판을 이겼는데 이렇게 축하를 받아본 건 처음인 것 같다. 오히려 3패를 당하고 1승을 하니까 이렇게 기쁠 수가 없다. 무엇과도 바꾸지 않을, 값어치를 매길 수 없는 1승이다."라고 말했지요. 세계 각국의 기자들이 딥마인드 최고경영자 데미스 허사비스(Demis Hassabis)에게 소감을 묻자 "초반은 알파고가 우세했으나 이세돌 9단의 묘수와 복잡한 형세로 이어지면서 알파고의 실수가 나왔다. 오늘 이세돌 9단은 다시 한번 대단한 바둑기사임을 보여 줬다."라고 대답했어요. 알파고가 인공지능이긴 하

지만 수많은 경우의 수를 계산할 뿐이라는 것을 알 수 있는 사건이었어요.

미국의 오픈AI 회사가 인공지능 챗봇 챗GPT(ChatGPT)를 2022년 11월 30일에 공개했는데요. 챗GPT는 인간이 쓰는 자연어 처리 인공지능 모델 중 하나입니다. 대화형 인터페이스를 통해 사람들과 자연스럽게 의사소통할 수 있도록 설계되었어요. 챗GPT가 직접 설명한 챗GPT의 역사 설명 중 일부 내용을 함께 읽어 볼까요?

챗GPT의 기반은 GPT-3 모델에서 출발합니다. GPT-3는 2020년에 발표되었고, 1,750억 개의 파라미터를 가지고 있어서 단어나 문장을 이해하고 생성하는 데 매우 뛰어난 성능을 보였습니다. 이 모델은 큰 주목을 받아 인공지능 대화 시스템의 가능성을 크게 확장했습니다. GPT-3를 기반으로 한 대화형 인터페이스가 발전하면서 챗GPT의 개념이 형성되었습니다. 이를 통해 사용자들은 텍스트 기반 대화를 통해 질문을 하거나 정보를 요청하고, 모델은 자연어로 답변을 생성합니다. 챗GPT의 연구와 개발은 지속적으로 진행되고 있으며, 더 큰 모델과 더 나은 성능을 위한 노력이 계속되고 있습니다. 챗GPT는 인공지능 기반의 자연어 처리와 대화 시스템 분야에서 혁신적인 모델 중 하나로, 지속적인 발전과 연구를 통해 미래에는 더욱더 다양한 분야에서 활용될 것으로 예상됩니다.

챗GPT는 스스로 미래에 더 다양한 분야에서 자신이 활용될 것이라고 하는데요. 여러분의 생각은 어떤가요? 챗GPT가 전달하는 내용은 결국 인간이 만든 방대한 데이터 중에서 질문에 가장 적절한 데이터를 모아서 보여 주는 거예요. 이 데이터들을 누가 처음 만들었는지 한 개인이 추적하는 것은 무척 어려운 일이에요. 그러니 저작권이 누구에게 있는지 확인하기 어렵겠지요? 챗GPT가 제공하는 정보를 그대로 사용하다가 저작권법에 걸릴 수 있고, 아닐 수도 있겠지만 아직까지 사회적 합의나 법제화가 되지 않은 상황인 만큼 챗GPT를 어떻게 사용하는 게 적절할지 여러분 스스로 한번 생각해 보세요.

3장

인공지능이 인간을
뛰어넘을 수 있을까?

인공지능은 진짜 창작을 하는 걸까?

인공지능이 그림을 잘 그리기에 이것저것 시켜 보니 눈에
띄게 이상한 점이 있어요. 한쪽 손이 다섯 손가락이 아니거
나 양쪽 눈이 달라요. 아주 복잡한 그림도 잘 그리는 인공
지능이 왜 이런 섬세한 표현을 놓치는 걸까요? 인공지능이
그림을 그린다는 것은 이미 그려진 많은 수의 그림 파일들
을 학습했다는 거예요. 그림 파일의 각 점들은 RGB 3가지
색상이 포함된 정도를 나타내는 숫자들로 이루어져 있어요.
이 숫자의 개수는 영상 파일의 픽셀 수에 비례해요. 픽셀
수가 백만 개면 1메가 이미지라고 하죠. 핸드폰 카메라들을
보면 가로와 세로의 픽셀 수가 나와 있어요. 이 둘을 곱한
것이 총 픽셀 수예요. 각 픽셀마다 Red, Green, Blue 값이
있으니 최소 픽셀 수의 3배만큼의 숫자로 하나의 영상이 표
현되는 거예요.

또한 그림은 콘텐츠와 스타일로 나눌 수 있는데요. 콘텐츠는 영상에 담긴 주제나 소재 등 내용을 말합니다. 스타일은 사진 같은 스타일, 만화 같은 스타일, 선으로 그리는 스타일, 동양화 같은 스타일 등 다양해요. 사람 얼굴을 그릴 때도 얼굴의 특징을 과장해서 그리는 캐리커처도 있고, 연필로 아주 사실적으로 그리는 인물화도 있고, 어떤 붓이나 펜을 사용하느냐에 따라 한 사람을 모델로 그려도 완전히 다른 느낌의 그림으로 그릴 수 있죠.

인공지능이 이미지를 생성할 수 있게 된 것은 RGB로 표현되는 색상이나 선들, 그 이미지의 콘텐츠와 스타일을 설명하는 문구들 몇억 쌍을 학습했기 때문이에요.

학습한 이미지 중에는 다섯 손가락이 다 보이지 않는 이미지들도 있고, 옆모습이나 뒷모습이라서 양쪽 얼굴이 다 안 보이는 이미지들도 많죠. 인공지능은 그림을 그리면서 내가 새끼손가락을 그리고 있구나, 왼쪽 눈을 그리고 있구나, 이런 식으로 콘텐츠의 구조를 항상 정확하게 파악하는 것이 아니에요. 무의식적으로 보고 학습해서 알고 있는 대로 그리는 것이기 때문에 특정 의도를 가지고 그리는 것도 아닙니다.

어떤 이미지를 학습하는지가 생성형 인공지능이 그리는

그림의 결과에 직접적인 영향을 미치게 되어 있어요. 저작권이 있는 이미지를 학습하게 되면 그와 유사한 그림을 그리게 되어 있고, 특정 사람의 얼굴을 집중적으로 학습하면 그 사람의 얼굴을 결과로 내놓는 경우가 많아지죠. 잔인한 이미지를 학습하면 인공지능이 생성한 이미지들도 잔인한 표현의 비중이 높아져요. 여전히 생성형 인공지능은 블랙박스라고 할 수 있어요. 인공지능 안에서 어떤 처리들이 이루어지고 있는지 명확히 알 수 없어요. 연구개발자들이 인공지능이 많은 양의 데이터를 처리하도록 구조를 복잡하게 만들었더니 인공지능의 능력이 놀랍도록 향상되는 것을 알게 되었어요. 하지만 어떤 경우에 특정 결과가 왜 나왔는지를 예측하고 파악할 수 있는 기술은 아직 없어요. 이 기술은 신뢰 가능한 인공지능을 만드는 데 필수라서 꾸준한 관심과 투자가 필요한 영역이에요. 아직도 해결해야 할 문제들이 많고 갖추어야 할 능력들도 많답니다. 여러분은 인공지능에게 어떤 능력을 주고 싶은가요?

글쓰기는 하지만, 덧셈은 못 하는 인공지능

멋진 글과 그림을 잘 그리는 인공지능에게 세 자릿수 덧셈을 시켰더니 정확한 정답을 찾지 못합니다. 대신 한 자릿수 덧셈 정도는 할 수 있죠. 과연 생성형 인공지능은 덧셈을 할 줄 아는 걸까요?

인간지능이 할 수 있는 일 중에 대표적인 것이 언어능력, 운동능력, 수학능력이에요. 물론 이외에도 공간지각력, 메타인지, 사회성 등도 중요한 지적능력이지요. 인공지능은 이 중 일부만 할 수 있어요. 특별히 2010년대 들어서 눈에 띄게 좋아진 인공지능은 언어능력이에요. 핸드폰, 스마트 스피커 등에 자연스러운 대화 기능이 추가된 것이 그 결과죠. 최근 인공지능의 능력이 인간을 뛰어넘는 것이 아닐까? 세상이나 인류를 멸망시키는 것은 아닐까? AGI*가 등장한 건 아닐까 하는 우려와 걱정들이 많아요. 하지만 챗GPT, 바드(Bard)와 같은 생성형 인공지능을 다양하게 사용해 보면, 아직은 모든 것을 처리할 수 있는 수준에 이르지 않았다는 것을 알 수 있습니다.

★ AGI(Artificial General Intelligence, 범용 인공지능) 주어진 모든 상황에서 생각과 학습을 하고 창작할 수 있는 능력을 컴퓨터로 구현하는 연구나 기술.

작성된 글은 문법이나 문맥에 맞게 자연스럽지만, 내용을

자세히 보면 거짓된 내용이 포함된 경우가 꽤 있어요. 또한 간단한 수학 계산도 틀리는 것을 알 수 있지요. 이것은 현재 생성형 인공지능은 인터넷에 있는 많은 양의 문서를 무의식적으로 암기하는 것에 가깝고, 그 안에 있는 원리나 논리를 파악한 것은 아니기 때문이에요.

최근에는 CoT★라는 기술을 통해서 인공지능에게 수학 문제를 푸는 과정을 프롬프트★로 입력해서 서술형 수학 문제를 이해하고, 적합한 수학식을 만들고, 수학식의 답까지 찾는 생성형 인공지능이 나오고 있어요.

인공지능이 가진 능력 중 가장 기본이 되는 것이 학습능력입니다. 따라서 지식이나 능력을 말이나 글이라는 데이터로 만들면 이를 이용해서 인공지능에게 그 능력을 가르칠 수 있는 기술이 완성되고 있어요. 아직 인공지능을 배우지 못한 능력들은 대부분 그것을 학습할 수 있는 데이터가 충분하지 않은 영역입니다. 데이터로 표현될 수 있는 능력들은 인공지능이 배우기 쉽죠. 우리의 일상 속에서 데이터로, 숫자로 설명하고 가르칠 수 없는 영역들은 뭐가 있을까요? 주로 직관이나 양심, 이성적 판단이 그 대표적인 영역이라

고 할 수 있어요. 이외에도 데이터로 표현할 수 없는 영역은
또 무엇이 있을까요?

인공지능의 창작물 그대로 사용해도 될까?

구분형 인공지능에서 생성형 인공지능으로 기술의 중심
이 옮겨가면서, 최근에는 많은 글과 그림, 동영상을 인공지
능으로 만들 수 있게 되었어요. 학교 프로젝트나 숙제도 예
외가 아니죠. 인공지능을 이용해서 숙제를 해 보았나요? 글
을 써 보거나 그림을 그려 본 경험이 있나요? 어떤 느낌이
었나요?

현재 생성형 인공지능이 쓰는 글들은 인터넷에 있는 수
많은 글에 기반하고 있어요. 세상에는 영어로 된 문서들이
대부분이지만, 다행히 최신 생성형 인공지능은 번역하는
능력과 다중언어능력이 있어서 한글 문서가 인터넷 문서의
1%밖에 안 되어도 한국어를 꽤 잘합니다. 다만, 인터넷에
작성된 문서들의 대부분은 개인적인 생각이나 심지어 허위
사실인 경우가 많아요. 실제로 믿을 수 있도록 검증된 글
의 비중은 생각보다 적어요. 그렇다면 이렇게 믿을 수 없는

인공지능을 사용할 때 주의사항

① 내용에 대한 검토(펙트 체크)

② 저작권이나 초상권에 문제가 없는지 확인

③ AI를 사용해도 되는지 규정 확인

문서들을 기반으로 인공지능이 작성한 글의 내용을 신뢰할
수 있을까요?

최근에 인공지능 기술과 서비스 동향은 인공지능이 작
성할 때 참고한 문서들을 보여 주는 방향으로 가고 있어요.
근거 자료가 신뢰할 만한지 확인하고 활용해야 하는 것이지
요. 하지만, 이렇게 인공지능이 생성한 글의 신뢰도가 올라
간다고 우리가 맘껏 사용해도 될까요?

글이나 그림과 같은 창작물은 작성자의 많은 고민과 노
력, 시간이 고스란히 담긴 것이에요. 작성자가 가진 유일한
경험이나 전문성을 바탕으로 완성된 것이기도 하지요. 그
래서 법적으로 저작물에 저작권이라는 권리를 부여했어요.
함부로 창작물을 복사해서 사용하거나, 창작자의 허락 없
이 창작자의 창작물로 타인이 경제적 이익을 취하는 것을
방지하기 위함이죠.

현재 인공지능을 둘러싼 저작권 관련 이슈들이 활발하게
논의되고 있어요. 첫째, 학습에 사용된 창작물들의 저작권
을 보호해야 하는가? 어떻게 보호할 수 있는가? 둘째, 생성
된 인공지능에 대한 저작권은 누구에게 있는가? 인공지능
이 벌어들이는 수익은 누구의 것인가? 셋째, 인공지능이 생
성한 이미지를 재가공해서 사용할 경우 그 권리는 누구에

게 있는가?

우리가 사는 지금 이 시대를 웹 3.0(Web 3.0) 시대라고도 불러요. 웹 1.0(Web 1.0) 시대 때 인터넷 사용자들은 큰 회사들이나 기관들이 제공하는 콘텐츠만 인터넷에서 보고 확인할 수 있었어요. 웹 2.0(Web 2.0) 시대에는 UGC*의 전성시대였죠. 누구나 페이스북(Facebook), 인스타그램(Instagram)과 같은 SNS나 유튜브(Youtube), 틱톡(Tiktok)과 같은 동영상 플랫폼에 자신의 글과 영상을 올릴 수 있게 되었어요. 또한 콘텐츠 창작자들이 그로 인해 돈을 벌 수 있게 되면서 콘텐츠 전문 창작자들이 많이 활동하고 있지요.

* UGC(User Generated Contents)
사용자가 직접 제작한 콘텐츠

웹 3.0 시대가 좀 더 지나서 2030년이 되면 인터넷 전체 콘텐츠의 약 67%를 AIGC(인공지능 생성 콘텐츠)가 차지한다는 예측도 있어요. 지금도 인공지능을 통해 글의 초안을 작성하거나 그림 구상에 영감을 받는 경우가 많아지고 있죠. 생성형 인공지능 기술이 본격적으로 쓰이게 된 2023년에 특히 인공지능이 창작한 책이 급속도로 많이 출간되고 있어요. 불과 6개월 만에 창작의 방식을 바꾸게 된 것이지요.

그렇다면 인공지능 창작물이 넘쳐 나는 이 시대에 학교나 직장에서 인공지능을 사용할 때 유의해야 할 점은 무엇일까요? 인공지능이 생성한 내용이 사실이 아닐 수 있으니 내용에 대한 검토는 필수입니다. 인공지능이 생성한 내용은 저작권이나 초상권 문제가 있을 수 있어 확인이 필요해요. 인공지능을 사용해도 되는지 학교나 직장의 규정을 확인해야 합니다. 한편으로는 인공지능의 발전에 관심을 두는 것이 중요한 만큼 인공지능이 하지 못하는 것을 이해하는 노력이 필요해요. 그렇다면 인공지능이 아직 하지 못하는 것들은 무엇이 있을까요?

인간은 있고, 인공지능은 없는 것

본다는 것, 듣는다는 것, 안다는 것은 무엇일까요? 인지과학은 사람이 어떻게 주변 환경과 사물 등을 인지하는지를 연구하는 학문이고, 인공지능은 사람의 지능을 모방한 시스템을 만드는 학문이에요. 인공지능은 핸드폰, 스피커, 컴퓨터, 자동차, 로봇, 클라우드 등 다양한 형태의 기계에 소프트웨어 형태로 탑재되어서 여러 가지 일들을 맡게 되죠. 첫째, 사용자와 인터랙션*에 관여하거나 둘째, 인식이나 창작, 분석

> ★ 인터랙션(interaction)
> 사용자가 하는 행동이 다른 사용자나 컴퓨터에 영향을 미치는 행동.

등 특정 업무를 담당하고 셋째, 물리적 공간이나 디지털 공간에서 이동하거나 물건을 움직이는 행동을 수행해요.

인공지능은 입력이 주어지면 출력을 하는 프로그램의 기본적인 구조를 따르고 있어요. 키보드로 글자를 입력하거나, 스마트 스피커 마이크로 소리를 입력하거나, 카메라로 촬영한 영상을 입력하면 인공지능은 그에 맞는 처리를 하고 미리 약속된 형태의 결과를 출력해요. 앞서 설명했듯이 인공지능에 입력을 넣을 때는 컴퓨터가 이해할 수 있는 방식을 사용해야 해요.

프로그래밍 언어를 쓴다는 것은 외국인이 사용하는 언어로 말을 거는 것과 비슷한 원리지요. 학문적으로 사람이 쓰는 언어를 '자연어'라고 하고, 컴퓨터가 쓰는 언어를 '기계어'라고 해요. 기계어와 자연어를 연결하는 것이 프로그래밍 언어예요. 프로그래밍 언어는 컴퓨터 연구개발자들이 컴퓨터에 특정 작업들을 시킬 목적으로 만든 언어로 사람과 기계가 공통으로 이해할 수 있는 언어이죠. 요즘에도 새로운 프로그래밍 언어들이 계속 만들어지고 있어요. 주변 실생활에서 일어나는 현상들을 인공지능에 입력해 주어야 하는데요. 우리가 사람들에게 알려 주는 것 이상으로 정확한 수치로 표현해야 컴퓨터에 입력할 수 있습니다. '빨간색이에요. 분홍색이에요. 파란색이에요. 하늘색이에요.'라고 표현하기보다는 빨간색은(255, 0, 0), 분홍색은(255, 192, 203), 파란색은(0, 0, 255), 하늘색은(80, 188, 223) 등과 같이 RGB(Red Green Blue) 값의 조합으로 알려 주어야 컴퓨터가 이해할 수 있어요.

우리가 사용하는 한글의 초성, 중성, 종성이나 알파벳 또는 한국어 단어들과 영어 단어들도 컴퓨터가 이해할 수 있는 숫자로 변환되어야 해요. 이것을 인코딩(Encoding)이라고 하고 부호화라고도 해요. 이렇게 숫자로 변환된 색상이나 글과 말은 컴퓨터에게 입력되어서 숫자 형태로 여러 처리 과정을 거치게 됩니다. 처리 후에는 다시 사람이 알아보고 들을 수 있는 형태의 그림이나 글, 소리로 다시 변환되어야 하죠. 이 처리 과정을 디코딩(Decoding)이라고 합니다.

인코딩과 디코딩은 인공지능에서는 좀 더 복잡하고 포괄적인 알고리즘 개념으로도 쓰여요. 대표적인 인공지능 모델들을 단순화시켜서 생각해 보면, 입력된 내용에서 중요한 개념들은 추출해서 '생각', '상상' 등으로 표현한 후에 다시 원하는 출력을 내보내는 작업을 해요.

이는 인간의 뇌에서 처리, 분석, 판단하는 과정과도 유사하다고 할 수 있어요. 하지만 인공지능은 인간이 입력한 내용을 기반으로 처리하는 것이라 인간이 이해하는 세상이나 인간이 가진 정보들의 범위에 따라 인공지능의 능력은 제한될 수밖에 없어요. 인공지능이 자율성과 호기심이 있다면 알아서 주어지지 않은 입력들을 찾아서 처리할 테지만, 인공지능은 아직 자유의지와 호기심이 없습니다. 아직 인간이 자율성과 호기심을 만들 수 있는 기술이 없다고 할 수 있죠. 과연 자유의지와 호기심까지 가진 인공지능을 만들수 있는 날이 올까요? 정말 그날이 온다면, 인공지능의 확장성과 가능성은 인간의 상상을 뛰어넘을 것 같네요.

새로운 것을 만드는 생성형 인공지능

생성형 인공지능(Generative AI)은 텍스트, 오디오, 이미지 등의 기존 콘텐츠를 활용하여 유사한 콘텐츠를 새로 만들어 내는 인공지능 기술이에요. 기존 인공지능이 데이터와 패턴을 학습해 대상을 이해했다면 생성형 인공지능은 기존 데이터를 기반으로 새로운 창작물을 만들어요.

특히 이미지 분야에서는 특정 작가의 화풍을 따라 그린 그림으로 사진을 만들거나 가짜 인간 얼굴을 무제한으로 만들어서 쇼핑, 영화 등 산업 분야에서도 활용할 수 있지요. 음성 분야에서는 특정 장르의 음악을 작곡하거나 특정 노래를 원하는 가수의 음색으로 새로운 음악을 완성하거나 이용할 수도 있어요. 상업적으로나 사회적 쟁점으로나 대중에게 가장 잘 알려진 생성형 인공지능으로는 '인물 합성 기술'이 있는데요. 하지만 딥페이크*의 경우에는 정치인의 선동 영상 혹은 가짜 뉴스, 특정 인물로 조작된 음란물, 보이스피싱 등에도 악용될

★ 딥페이크(Deepfake) 딥러닝(Deep learning)과 fake의 혼성어로, 이미지 파일이나 동영상에 등장하는 사람을 인공지능 기술을 이용해 다른 누군가로 만드는 합성 매체로 범죄 용어.

수 있어요. 이렇게 생성형 인공지능이 악용되어 사회에 영향을 미치는 문제가 많아진다면 어떻게 될까요?

어떤 사람의 생각이 한쪽으로만 치우치거나 사회의 양극화가 더 심해질 수도 있어요. 생성형 인공지능을 어떻게 사용하는 게 좋을지 한번 생각해 보세요.

생성형 인공지능의 긍정적인 효과는 다양한 콘텐츠 창작이 쉬워진다는 점이에요. 이런 생성형 인공지능의 활성화는 메타버스의 확장을 더욱 빠르게 이끌 수 있어요. 메타버스(Metaverse)는 가상, 초월을 뜻하는 meta에 세상을 뜻하는 universe의 verse를 붙인 말이에요. 현실과 가상의 경계가 사라진 제3세계 정도를 뜻하지요. 코로나 팬데믹 때 미국 래퍼 트래비스 스콧이 공연했고 BTS 신곡 '다이너마이트'의 뮤직비디오를 세계 최초로 공개한 포트나이트, 블랙핑크가 가상 팬사인회를 했던 제페토(ZEPETO) 등이 대표적인 메타버스예요.

메타버스에 관한 예시로 가장 많이 언급되는 것이 가상현실(VR)이지만, 사실 가상현실은 메타버스를 보여 주는 여러 수단 중 하나일 뿐입니다.

메타버스는 크게 네 종류로 나누기도 해요. 먼저, 증강현실(Augmented reality) 메타버스는 현실의 공간, 상황 위에 가상의 이미지, 스토리, 환경 등

메타버스의 종류

증강현실: 현실을 기반으로 새로운 세상을 보여 주는 방식
예) 포켓몬 고, 박물관, 전시 등

> 아니! 한강에 포켓몬이!

라이프로깅: 개인의 삶에 관한 다양한 경험과 정보를 기록하여 저장하고 공유하는 세상
예) 카카오페이지, 페이스북, 인스타그램

> 너무 맛있어 보인다. 사진 찍어서 올리자!

찰칵~

거울 세계: 현실 세계의 모습, 정보, 구조 등을 그대로 만든 세상
예) 구글맵, 음식배달 앱

> 어딜 가고 싶은지 말씀만 하세요.

Google Maps

가상 세계: 현실과는 다른 공간을 만들어 그 속에서 살아가는 메타버스
예) 다중접속을 지원하는 게임 마인크래프트, 제페토, 스페이셜 등

> 들어왔어? 우리 오늘 집 만들어야 해!

> 응 접속했어!

을 덧입혀서 현실을 기반으로 새로운 세상을 보여 주는 방식이에요. 여러분에게도 익숙한 모바일 게임 '포켓몬 고'가 증강현실을 이용한 거예요.

라이프로깅(Lifelogging) 메타버스는 한 개인의 삶에 관한 다양한 경험과 정보를 기록하여 저장하고 공유하는 세상을 뜻해요. 이를테면 우리에게 익숙한 카카오페이지, 페이스북, 인스타그램 등이 라이프로깅에 포함되지요.

거울 세계(Mirror world) 메타버스는 현실 세계의 모습, 정보, 구조 등을 가져가서 복사하듯이 만든 세상이에요. 지도와 길 찾기 서비스, 여러 음식배달 앱 등이 여기에 해당되지요. 포탈이나 음식배달 앱 운영기업이 직접 도로, 전철, 음식점을 만들지는 않지만, 현실 세계의 그런 요소를 적절히 디지털 거울에 비춰 주면서 새로운 세상을 보여 주는 방식이에요.

가상 세계(Virtual world)는 현실과는 다른 공간, 시대, 문화적 배경, 등장인물, 사회 제도 등을 디자인해 놓고, 그 속에서 살아가는 메타버스를 말해요. 온라인으로 다중접속을 지원하는 게임들이 대부분 포함되며, 스페이셜(Spatial)과 같은 가상현실 기반 협업 플랫폼이나 세컨드라이프 등도 가상세계에 속합니다.

메타버스는 2020년쯤 많은 화제가 되었지만, 당시 기술과 디바이스, 콘텐츠와 서비스의 한계가 있어서 사용자의 기대를 충족시키지 못했어요. 아직은 메타버스가 게임이나 특정 사업에 주로 이용되고 있지만, 앞으로는 메타버스에서 할 수 있는 일들이 점점 늘어날 거라고 해요. 메타버스 이용이 활발해지면 도시 집중화 현상도 점점 완화되고, 시공간의 제약이 해소되어 새로운 일자리도 생겨날 겁니다. 이러한 변화가 일어난다면 현재 우리가 겪는 여러 사회적 격차를 줄이는 등 사회에 긍정적인 영향을 미칠 거예요.

4장

인공지능 발전보다
먼저 생각해야 할 것들

인공지능이 새로운 인공지능을 만들 수 있을까?

2018년 6월 마이크로소프트(Microsoft)는 깃허브(GitHub)라는 회사를 우리나라 돈으로 8조 원 정도에 인수했어요. 깃허브는 2008년에 설립된 회사로 당시 세계적으로 2,400만 명의 소프트웨어 개발자들이 사용 중이었고, 8,000만 개에 달하는 소스코드를 보유하고 있었어요. 그리고 1년이 지난 2019년 7월 마이크로소프트는 오픈AI라는 인공지능 스타트업에 1조 원이 넘는 돈을 투자했습니다.

이 두 번의 투자가 있고, 2년이 지난 2021년 6월 오픈AI와 깃허브가 공동으로 개발한 코파일럿(Copilot)이 공개되었어요. 코파일럿은 인공지능이 코드를 자동 생성해 주는 기능이에요. 사용자가 짜고 싶은 코드에 대한 설명을 입력하면 나머지 코드를 코파일럿이 자동으로 완성해 주는 거예요. 2020년 6월에 공개된 GPT-3를 기반으로 만든 코덱스

(Codex)모델이 있어서 이것이 가능했어요. 오픈AI가 개발한 코덱스모델이 코파일럿의 코드를 자동으로 생성하는 거예요. 인공지능에게 어떤 능력을 주기 위해서는 우수한 인공지능 기술뿐만 아니라 그 능력을 학습할 수 있는 데이터가 필요하죠. 오픈AI가 만든 GPT-3라는 인공지능 모델과 깃허브의 코드들을 데이터로 결합하여 코덱스라는 모델도, 코파일럿이라는 기능도 만들 수 있었던 거예요.

또한 2022년 말에 등장한 챗GPT의 코딩 능력은 더욱 화제가 되었는데요. 구글의 개발자 입사 시험을 챗GPT가 통과하기도 했거든요. 챗GPT로 성능이 오른 코파일럿 덕분에 개발자들의 업무 효율이 30% 향상되었다고 해요.

지금까지는 인공지능이 사람의 입력을 기반으로 소프트웨어의 일부 코드를 만드는데요. 언젠가 인공지능이 스스로 거대한 소프트웨어 시스템을 만드는 수준까지 올라갈 수 있을까요? 여러분의 생각은 어떠한가요?

현재 인공지능은 우리가 가르쳐 준 지침을 따르고, 데이터를 분석하며, 문제를 해결하는 데 도움을 주는 수동적인 보조 기능을 하고 있어요. 하지만 미래에 인공지능이 더욱 발전하게 되면 스스로 학습하며 창의적으로 문제를 해결할 수 있는 능력이 더욱 커질 거예요. 인공지능이 음성인식,

이미지 분석, 언어 번역 등 많은 분야에서 인간보다 우수한 성능을 보이는 것을 확인했지만, 거대한 소프트웨어 시스템을 스스로 만드는 능력은 앞으로 5년 이내에는 벌어지지 않을 거예요. 인공지능이 사람처럼 추상적인 개념을 이해하고 문제를 창의적으로 해결하는 능력을 갖추기에는 여전히 많은 연구와 개발이 필요해요. 또한 이러한 발전은 윤리 지침과 법적 제도가 동반되어야 합니다. 인공지능이 스스로 소프트웨어 시스템을 만들 때 어떤 결정을 내릴지 예측하기 어렵고 그 결정이 인간 사회와 어떻게 상호작용할지 모른다면, 학습하는 데이터나 수행하는 기능에 있어서 많은 제약과 규제를 받게 될 거예요.

인공지능이 거대한 소프트웨어 시스템을 스스로 만드는 능력을 개발하기 위해서는 시간이 필요하며, 그 과정에서 우리는 윤리적 지침과 법적 제도를 갖추고 준수하며 발전해 나가야 해요. 이때 규제와 법칙만이 너무 강조된다면 자칫 발전의 속도는 느려질 수 있어요. 따라서 균형 잡힌 노력이 시너지*를 낸다면 앞으로 다가올 미래는 긍정적일 거예요.

★ 시너지(synergy) 여러 요인이 한꺼번에 작용하여 하나씩 작용할 때보다 더 커지는 효과.

인공지능 발전보다 윤리 원칙이 먼저

2020년과 1997년의 공통점은 무엇일까요? 《2020 우주의 원더키디*》 만화영화와 《터미네이터》라는 영화에서 인간과 로봇의 전쟁이 본격적으로 시작된 연도예요. 만화영화 《2020 우주의 원더키디》, 영화 《터미네이터》가 만들어진 1980년대에 사람들은 10년 후, 30년 후의 세상에는 초(超)인공지능을 가

> **★ 2020 우주의 원더키디** 1989년 10월 6일부터 12월 29일까지 KBS 2TV에서 방영된 대한민국의 공상 과학 TV 애니메이션 시리즈. 그 당시 전 세계에서 가장 우수한 한국인 애니메이션 인력을 모두 모아 만든 시대를 앞서간 화제작이었다.

진 로봇들이 등장해서 인간들과 전쟁을 벌일 정도로 인공지능 기술이 매우 빨리 발전할 거라고 상상했어요. 당시에는 핸드폰이나 컴퓨터도 널리 보급이 안 된 시절이어서 소프트웨어나 인공지능이라는 개념도 알려지지 않았는데 말이죠. 인공지능은 아무래도 사람과 비슷한 모양의 '로봇'으로 등장하지 않을까 하는 공통적인 공감대가 있었던 것 같아요.

벌써 그때 상상 속 2020년이 지났어요. 어떤가요? 스카이넷과 같은 소프트웨어나 데몬 마왕, 마라 마왕이나 아톰, 마징가 제트와 같은 무적의 로봇이 세상에 등장했나요?

인공지능이 현재보다 능력이 높아지고, 그 높아진 지능으로 스스로 판단했을 때 인간을 적(敵)으로 생각할 확률이 없지는 않지만, 세상의 방대한 데이터를 기반으로 학습한 인공지능이 그처럼 단순한 판단을 할 거라고 생각이 되지는 않아요. 기본적으로 인공지능은 확률적인 판단을 하기 때문에 어느 정도 인간들이 저지르는 범죄나 환경파괴를 파악할 수 있겠지만, 그에 반하는 용기 있고 희생적이고 따뜻한 데이터들도 파악할 수 있을 거예요.

최근 인공지능 기술이 빠르게 발전함에 따라 인공지능을 활용하는 방법에 대한 법규나 윤리 원칙에 대한 논의도 활발하게 진행되고 있어요. 인공지능은 인간의 판단이나 행동을 보조하거나 대체하는 역할을 할 수도 있기 때문에 인공지능이 인간의 권리나 안전을 침해하지 않도록 하는 것이 매우 중요해요. 이러한 이유로 인공지능을 사용하는 법규나 윤리 원칙들이 국가나 기관별로 정해지고 있어요.

기본적으로 인공지능은 지식을 정리하는 도구로 활용하되, 최종 결정은 사람이 하는 것을 기본 원칙으로 정하고 있어요. 특히 사람의 생명이나 재산, 권리 등에 큰 영향을 미치는 결정일수록 마지막 판단은 인간이 하고, 인간이 책임지는 것을 지향해요.

인공지능 법규나 윤리 원칙을 정하는 국가나 기관은 다양하며 거의 모든 인공지능 선진국에서 발표하고 있다고 해도 과언이 아니에요. 이러한 발표의 첫 단계로 윤리 원칙이나 법규 전에 인공지능에 대한 국가전략을 먼저 선포해 왔어요. 예를 들어 유럽 연합(EU)은 2018년 4월『유럽을 위한 인공지능 전략(AI for Europe)』을 선포했고, 미국은 2019년 2월에 『미국 인공지능 계획(AI Initiative)』5가지 원칙을 발표했어요. 우리나라도 2019년 12월에 『인공지능 국가전략』을 공포하여 IT 강국을 넘어 AI 강국으로 도약하겠다고 선언했지요. 미국의 구체적인 인공지능 전략은 연구개발, 거버넌스*, 일자리 창출, 인프라스트럭처*, 국제 협력의 5가지 원칙으로 구성되어 있어요.

> ★ **거버넌스(Governance)**
> 국가가 해당 분야의 여러 업무를 관리하기 위해 정치·경제 및 행정적 권한을 행사하는 국정 관리 체계
> ★ **인프라스트럭처(Infrastructure)**
> 고품질의 IT 서비스를 제공하기 위한 사회 공공 기반 시설.

1. **연구개발**: 연방정부와 산업계, 학계가 공동으로 인공지능 기술 발전 추진
2. **거버넌스**: 인공지능 산업을 창출하고 안전에 대한 평가와 표준 수립
3. **일자리 창출**: 인공지능 교육을 통해 인재를 육성하여 경제

와 일자리 준비

4. **인프라스트럭처**: 인공지능에 대한 대중의 신뢰를 키워 국가적 지원 기틀 마련

5. **국제 협력**: 국제 및 업계 협력을 강화하여 기술 우위 및 기반을 보호

이렇게 인공지능에 대한 선진국의 의지와 전략을 선포한 이후 국가별로 인공지능 윤리 원칙을 발표했어요. EU는 2019년 4월 『신뢰할 만한 AI 윤리 가이드라인』을 발간하여 AI 신뢰 기준을 적법성, 윤리성, 견고성으로 세웠고, 미국은 2022년 10월 『AI 권리장전』 5가지 원칙을 제시했어요.

우리나라도 2020년 12월 『AI 윤리 기준』을 마련했어요. 우리나라 AI 윤리 기준 3대 기본 원칙과 10대 핵심요건은 아래와 같아요.

3대 기본 원칙

• 인간의 존엄성 원칙

• 사회의 공공선 원칙

• 합목적성 원칙

- 인권 보장

- 프라이버시 보호

- 다양성 존중

- 침해금지

- 공공성

- 연대성

- 데이터 관리

- 책임성

- 안전성

- 투명성

　　이런 인공지능 전략과 윤리 원칙을 기반으로 각 나라에서 서둘러 법률을 정하고 있어요. 가장 먼저 유럽위원회 (EC)에서 2021년 4월 'AI법'을 입법했고, 2023년 6월 14일에 법안이 통과되었어요. 이 법에서는 AI의 위험 수준을 4단계로 나누고 있어요.

인공지능 위험 수준 4단계

규제	위험 수준	설명
사용 금지	허용 불가	위험한 행동을 조장하거나 사람을 평가 또는 인식해서 중대한 위험을 초래할 수 있는 AI
사전 및 항시 위험 평가	고위험	안전이나 인간의 기본권을 침해할 수 있는 AI
투명성 의무	제한된 위험	딥페이크 등 제한된 위험을 초래할 수 있는 AI
별도의 규제 없음	최소위험	일반적으로 위험을 초래하지 않는 AI

특히 EU는 인간 중심적이고 신뢰할 수 있는 인공지능의 활용을 장려하고, 해로운 영향을 차단하는 데 집중하고 있어요. 이런 노력 중 하나로 인공지능의 부정확성과 편견이 미칠 수 있는 피해를 막기 위해서 사람의 감정을 인식하는 인공지능은 금지하고 있어요. 공공장소에서 실시간 생체 인식을 시도하거나 예측 치안도 금지하고 있지요. 사람들을 프로파일링하는 소셜 스코어링과 생성형 인공지능에 저작권 있는 자료의 사용을 금지하고, 사용자 생성 콘텐츠가 사회적 조작에 악용될 우려가 있으므로 소셜미디어의 추천 알고리즘도 규제해요.

최근 미국은 2023년 7월에 인공지능 주요 7개 기업과 『AI 안전 서약서』 8개 조항을 발표했어요.

1. 전문가들로 '레드 팀'을 구성해 인공지능 오남용 모니터링
2. 정부 및 기업에 신뢰 및 안전 정보를 공유
3. 딥페이크 방지를 위해 인공지능 생성 파일에 워터마크 추가
4. 인공지능의 환각 및 편향성 문제를 보고
5. 인공지능의 사회적 위험에 대한 연구 수행
6. 사이버 보안에 투자
7. 보안 취약점을 기업에 공지
8. 최첨단 인공지능 모델을 활용해 사회 문제 해결 등

현재까지 발표된 인공지능 윤리에 대한 논의와 정책을 알아보았는데요. 인공지능 기술의 적절한 활용과 인류의 안전을 보장하기 위해 매우 중요한 조항들이 발표되었다는 것을 알 수 있어요. 미래에는 인공지능에 대한 어떤 원칙과 법규를 제정하고 발전시켜 나갈까요? 저는 더 많은 국가와 기관에서 인공지능에 대한 원칙과 법규를 제정하고 발전시켜 나갈 것으로 기대됩니다. 여러분의 생각은 어떠한가요?

AI 기술이 점점 발전하고 있는데 오남용을 막기 위해 뭔가 조치를 취해야 해!

2021년 4월 유럽위원회 AI법 입법

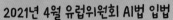

허용불가
고위험
제한된 위험
최소위험

전략과 윤리 원칙을 기반으로 한 법률을 제안합니다.

2022년 10월 미국 『AI 권리장전』

적법성, 윤리성, 견고성을 고려한 신뢰할 만한 AI 윤리 가이드라인입니다.

1. 연구개발
2. 거버넌스
3. 일자리 창출
4. 인프라스트럭처
5. 국제 협력

2023년 7월 미국 『AI 안전 서약서』 발표

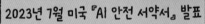

AI 주요 7개 기업과 협력한 8개 조항을 발표하겠습니다.

점점 더 구체적으로 될 거야.

인공지능은 어떻게 사용해야 할까?

현재 존재하는 인공지능은 디지털 세계에 존재하는 데이
터를 기반으로 판단해요. 사람이 작성한 문서들, 사람이 찍
은 영상, 사람이 그린 그림, 사람이 말한 내용, 사람이 만든
음악과 수많은 영화 등 다양한 콘텐츠가 인터넷을 통해서
디지털 정보로 존재해요. 하지만 세상에 있는 모든 것이 디
지털로 변환되고 저장되었을까요?

사람이 느끼는 감정, 맡은 냄새, 만져서 느껴지는 촉감,
빛과 물질의 반짝임과 오묘한 색감들처럼 아직 디지털로 변
환되지 않은 것들이 많아요. 디지털 세계가 비트(Bit)로 이루
어진 세상이라면, 우리가 사는 현실은 원자(Atom)로 이루어
진 세상이라고 하죠. 우리는 현실에 있는 생동감들이 디지
털 콘텐츠에 잘 표현이 안 되었을 때 실감이 나지 않는다고
도 말해요.

이처럼 아직 원자로 이루어진 현실 세계가 디지털 세계로
모두 변환되지 않은 것이죠. 따라서 로봇의 지능이 아직 현
실 세상에서 영향을 미치기에는 부족해요. 다만 디지털 세
계에서는 데이터를 처리하는 일 등을 통해 사람에게 큰 영
향을 미칠 수 있죠. 음성으로 대화하는 스마트 스피커나

자동차를 조작하는 지능 등은 사용자가 원하는 대로 디지털 세상의 정보를 찾고 기기를 조작하는 기능을 해 주고 있어요. 게다가 공장이나 병원에 있는 로봇들은 자동 또는 원격제어하는 것도 가능하죠. 그러나 그 로봇들은 특정 작업 환경에서 일하도록 최적화되었어요. 환경이 크게 바뀌거나 로봇이 처음 보는 상황에서 어떤 행동을 할지 로봇이 스스로 결정하게 만드는 것은 어려운 일이에요.

통신의 발달과 컴퓨터, 핸드폰의 발달로 지난 20년간 세상의 많은 데이터를 인터넷을 통해 모을 수 있었죠. 주로 데이터의 형식은 글이나 사진, 동영상 등이었어요. 하지만 사람들이 남기는 사진이나 동영상은 인물이나 중요한 상황, 장소를 찍는 경우가 많죠. 일상에서 보이는 모든 장면을 남기지는 않아요.

로봇들이 세상을 맘껏 다니기 위해 필요한 모든 장소와 상황에 대한 정보들이 인터넷에 모두 있는 것은 아닙니다. CCTV와 같이 항상 켜져 있는 카메라도 넓은 곳과 특정 방향을 관찰하기 위해서 높은 곳에서 바닥을 보고 있거나 먼 곳을 주시하도록 설치되어 있어요. 하지만 로봇에게 필요한 데이터는 로봇의 눈높이로 이동하면서 찍은 동영상들이에요. 낮과 밤, 화창한 날과 흐린 날, 사람이나 물건이 많

비트의 세계

원자의 세계

인공지능은 이제 시작이고 모든 현실 세계를 데이터화 하기는 아직 힘들어.

앞으로 많은 문제들이 있겠지만 결국은 인간의 고민과 가치관이 미래에 인공지능의 방향성이 될 거라는 거지.

은 공간과 비어 있는 공간, 봄 여름 가을 겨울 모든 시간과 장소에 대한 정보가 있어야 로봇이 충분한 학습을 할 수 있답니다. 시간과 장소에 얽매이지 않고 더 다양한 로봇들을 우리 주변에서 만나기 위해서는 먼저 그에 해당하는 데이터들이 많이 수집되는 것이 필요해요. 하지만 이것은 정말 많은 돈과 시간과 노력이 들어가는 일이에요. 어떤 개인이나 한 기관이 감당하기에는 꽤 힘든 일이죠. 만약 현실 세상의 모든 물리적인 정보들이 기록되어서 디지털 트윈을 만들 수 있다면, 스마트 시티와 같은 기술도 훨씬 앞당길 수 있어요. 스마트 시티 속 디지털 트윈에는 물리적으로 존재하는 사람이나 자동차, 건물들이 모두 쌍둥이같이 복사되어서 실시간 그리고 디지털로 존재하는 거예요. 그렇다면 자율주행 자동차나 로봇들이 세상 속 데이터에 더 쉽게 접근할 수 있게 됩니다. 우리가 눈으로 확인하는 신호등의 정보나 건물 속 상점의 위치들이 별도의 추가 처리 없이 자율주행 자동차나 로봇에 인공지능의 입력이 바로 들어갈 수 있죠.

인공지능이 인류에게 피해를 줄 가능성도 없지는 않지만, 우리 삶과 세상에 인공지능이 미치는 선한 영향력도 많지 않을까요? 아직 우리는 인공지능을 충분히 경험하지 못하고 있어요. 인공지능을 만드는 사람, 사용하는 사람, 관련 법규와 제도를 만드는 사람들이 모두 노력한다면 인공지능이 가져올 세상은 여전히 밝고 따뜻할 거라는 희망을 걸어봅니다.

인공지능의 인간다움, 영화 《A.I.》

　인공지능이 나오는 영화를 본 적이 있나요? 2001년에 개봉된 영화 《A.I.》는 천연자원이 고갈되어 가던 미래의 지구를 배경으로 인간들은 인공지능을 가진 인조인간들의 봉사를 받으며 살아갑니다. 집안일, 말동무 등 로봇이 인간을 위해 하는 일들은 무수히 많지만, 로봇은 기계일 뿐 그 이상의 것은 허락하지 않는 사회로 그려지죠.

　어느 날, 하비 박사는 감정이 있는 로봇을 만들겠다고 선언합니다. 하비 박사의 계획대로 사이버트로닉스 로봇 회사를 통해 감정을 가진 최초의 인조인간 '데이빗'을 만드는 데 성공하죠. 인간을 사랑하도록 프로그래밍된 최초의 로봇 소년 데이빗은 스윈트 부부의 아들 역할을 하며 인간 사회에 적응해 갑니다.

　그러던 어느 날, 치료약이 없어 냉동된 상태로 있었던 스윈트 부부의 친아들 마틴이 퇴원하면서 데이빗은 결국 버려지고 말아요. 데이빗은 엄마가 들려준 피노키오 동화를 떠올리며 '블루 요정'을 만나 진짜 인간으로 만들어 달라고 소원을 말하면 인간이 되어 엄마의 사랑을 되찾을 수 있다고 생각합니다. 그렇게 데이빗은 자신의 장난감이자 친구이며 보호자인 테디 베어를 데리고 피노키오 이야기 속 블루 요정을 찾는 여행을 시작하죠.

힘겨운 여정을 거쳐 마침내 수몰된 맨해튼에서 피노키오 이야기 속 블루 요정을 찾은 데이빗. 데이빗은 과연 인간이 될 수 있을까요?

영화 《A.I.》는 1969년 영국 작가 브라이언 올디스가 쓴 단편 소설 〈슈퍼토이의 길고 길었던 마지막 여름〉을 영화화한 작품입니다. 이 단편 소설에서도 슈퍼토이 데이빗은 사람이 필요해서 데려왔다가 결국 사람에게 버려져요.

이 영화를 통해서 인간다움이란 무엇일까? 라는 질문을 하게 됩니다. 인공지능이나 로봇은 결국 인간보다 지능이나 힘이 더 뛰어날 수밖에 없어요. 이 영화 속 로봇들은 심지어 다른 이의 감정에 공감하고, 다른 로봇을 돕고 자신을 희생하기도 해요. 오히려 반대로 인간은 자신의 이익에 따라서 상처를 주거나 피해를 주는 것에 거침이 없죠. 고도의 능력을 가진 인공지능과 로봇이 등장했을 때, 우리는 인간의 존재를 가치 있게 느낄까요? 중요한 일들, 꼭 필요한 일들을 인공지능과 로봇들이 감당하게 된다면 인간들은 어떻게 될까요?

5장

인공지능 시대,
어떻게 준비할까?

인공지능은 만능이 아니다

"인공지능에게 학교 수학 문제를 물어봤는데, 틀린 답을 알려 줬어요. 분명 그럴듯한 답처럼 보였는데 말이죠. 정말 간단한 산수 문제이고, 뭔가 푸는 것 같이 보였는데 결국 답은 틀렸더라고요."

"역사에 관한 질문도 했는데, 연도도 사람 이름도 계속 바꿔 말하더라고요. 현재 각 나라의 대통령이 누구인지도 잘 몰라요."

혹시 인공지능이 거짓말하는 것 같다는 생각을 한 적이 있나요? 학교 수학 문제를 물어보았을 때 틀린 답을 그럴듯 하게 하거나, 역사 정보를 물어봤을 때 혼란스러운 답변을 했다면 아마 그런 의문이 들었을 거예요. 인공지능은 학습 된 데이터나 입력된 정보를 기반으로 가능한 한 정확한 답 을 하려고 노력해요. 하지만 데이터의 정확성과 최신성에

따라 답변이 달라진답니다. 역사 정보는 시간이 지남에 따라 변하는데 인공지능이 최신 정보를 모를 수도 있어요. 따라서 인공지능의 답변을 받을 때에는 항상 다른 출처에서도 확인하는 습관을 들여야 해요. 또한 학습 데이터 속에 익숙한 유형의 수학 문제는 풀이 과정이나 답을 인공지능이 맞출 수 있지만, 본 적이 없는 유형의 창의적인 수학 문제는 틀릴 수 있어요.

최근 인공지능 연구들은 수학 문제를 푸는 과정에 대해서 인공지능이 스스로 학습할 수 있도록 노력하고 있어요. 프로그래밍 능력이 갖추어지면 수학 문제 푸는 능력이 향상되는 데 도움이 된다고도 해요. 문제를 이해한 뒤 도식화하고, 그 문제를 연결된 작은 문제들로 나누는 것은 수학 문제를 풀거나 프로그래밍을 할 때도 중요하거든요. 문제 풀이에 관련된 데이터들을 더 많이 모을수록 인공지능이 문제를 푸는 능력은 더욱 좋아질 거예요.

이처럼 인공지능이 멀티태스킹 능력을 갖추도록 하는 노력이 꾸준히 이루어지고 있지만, 모든 것을 완벽하게 하는 것은 쉬운 일이 아니에요. 그렇다면 인공지능을 어떻게 활용해야 할까요? 인공지능은 빠른 정보 검색, 학습 도구, 창의적 문제 해결 등 다양한 분야에서 유용하게 활용될 수 있는 뛰어난 도구지만, 항상 비판적 사고와 함께 사용해야 해요. 그렇다면 비판적으로 사고하는 것은 어떻게 하는 걸까요?

인공지능의 결과를 항상 검증해야 해요. 인공지능을 학습과 지식 습득의 용도로 사용할 때에 신뢰할 수 있는 웹사이트, 책, 전문가의 의견을 참고하고 다양한 출처의 정보를 검토하는 습관을 기르는 것이 중요해요. 인공지능은 우리에게 많은 도움을 줄 수 있지만, 우리가 알고 싶은 지식을 찾거나 학습할 때에는 인공지능을 수동적으로 사용하기보다는 주도적으로 활용해야 합니다. 인공지능은 도구로써 우리를 보조해 주지만, 우리의 판단과 의사결정을 완전히 대체하지는 않으니까요.

결정을 내리는 주체는 바로 인간

혹시 어떤 물건을 사는 것이 좋을지 인공지능에게 물어본 적이 있나요? 인공지능에게 상품을 지정해 주지 않고 용도만 말한다면 실제로 존재하지 않은 상품을 추천해 줄 수도 있어요. 실제로 존재하는 상품들을 비교해 달라고 한다면 인터넷에 있는 정보를 기준으로 특징을 알려 주지만, 한 상품을 고르지는 못할 거예요.

주식 투자와 같이 금융 결정을 할 때도 인공지능을 활용하는 것이 가능하지만 주의가 필요해요. 왜냐하면 금융 시장은 예측 불가능하고, 인공지능은 과거 데이터와 패턴을 기반으로 추천하기 때문에 인공지능은 미래를 완벽하게 예측하지 못해요. 보통 사람보다 똑똑한 결정을 내리는 인공지능을 만드는 것까지는 가능하겠지만, 인공지능에만 의존해서 큰 경제적 위험을 감수한다면 손해가 발생할 경우 그 책임을 인공지능에게 물을 수 없을 거예요.

최근에는 사람을 채용할 때도 인공지능이 결정을 내리는 경우가 있다고 해요. 이제 입사 시험을 준비할 때 인공지능 면접을 통과하는 법을 고민하는 사람들도 있을 것 같아요. 채용 과정에서 인공지능은 이력서를 분석하고 적절한 후보자를 추천하는 데 도움을 줄 수 있어요. 하지만 여전히 인간의 판단과 인터뷰가 필요해요. 인공지능에게 예상 질문들을 추천해 달라고 할 수는 있겠지만, 실제 면접관이 사람인 경우가 대부분이기 때문에 인공지능이 아닌, 사람과 질문과 답변을 주고받는 연습이 중요하답니다.

"도로를 달리던 자율주행 자동차가 옆으로 쓰러진 흰색

트럭으로 그대로 돌진해서 차 사고가 났대요." 이런 일이 만일 일어난다면 우리는 어떤 결정을 내려야 할까요? 운전자는 과연 이런 인공지능을 믿고 인공지능에게 운전을 맡길 수 있을까요? 자율주행에서 인공지능은 당연히 필수예요. 자율주행 자동차의 인공지능은 정밀하게 주변 도로 환경을 분석하고 달려야 할지, 말아야 할지 어느 방향으로 달려야 하는지 지속적으로 실시간으로 의사결정을 내려야 해요. 자율주행 중일 때 인공지능은 운전석에 앉은 사람을 보호하도록 설계되어 있어요. 하지만 자율주행은 여전히 완벽하지 않은 경우들이 있습니다. 그래서 우리 인간의 판단력이 여전히 매우 중요해요.

인공지능은 우리의 도구이자 파트너이지만, 결정을 내리는 데 도움을 줄 수 있을 뿐이니 최종 결정은 항상 사람이 내려야 해요. 따라서 인공지능을 활용해서 관련 정보들을 모은 후에 그에 맞는 결정을 하는 판단력은 여전히 우리가 갖추어야 하는 역량이에요.

다가올 인공지능 시대, 우리에게 필요한 역량은?

만약 오늘날 우리가 배우는 것들이 10년 후에는 필요 없다면 무엇을 준비하는 게 좋을까요? 학생으로서 어떻게 인공지능 시대를 맞이하면 좋을까요? 앞으로 인공지능 시대의 주인공이 되기 위해 어떤 역량이 필요할까요?

1. 호기심: 호기심은 학습과 개발의 원동력이자 인간지능을 인공지능과 구별할 수 있는 차별점이에요. 새로운 아이디어와 기술에 대한 호기심을 유지하세요.

2. 학습 능력: 새로운 인공지능 기술은 숨가쁘게 계속 나오고 있어요. 새로운 기술과 트렌드를 학습하며 자신을 계속 성장시키세요.

3. 글로벌 시각과 매너: 인공지능 시대에 글로벌 리더가 될 기회는 더 많아져요. 언어장벽은 오히려 낮아진답니다. 다양한 문화를 체험하고 다른 나라 언어들과 콘텐츠를 이해하며 국제적 감각을 키우세요.

4. 윤리적 정직성: 인공지능을 사용하거나 개발할 때 윤리적 인식이 꼭 필요합니다. 어떻게 사용해야 하는지 고민하고, 윤리적 지침을 따르는 것이 중요합니다.

5. 소프트웨어 지식과 코딩 능력: 소프트웨어 기술은 인공지능 시대에서 핵심 역할을 해요. 프로그래밍 언어를 배우고, 컴퓨터 과학을 이해하는 것은 인공지능 시대를 주도적으로 사는 데 도움이 돼요.

6. 수학과 과학: 수학과 과학은 인공지능 개발과 데이터 분석에 핵심이에요. 특히 통계학과 인공지능 원리를 이해하는 데 도움이 될 거예요.

7. 문제 발굴 및 해결 능력: 인공지능 시대에서는 문제를 찾고 해결하는 능력이 중요합니다. 인공지능이 업무나 일상에서 많은 도움을 주지만, 어떤 도움을 줄 수 있는지는 여전히 사람이 알려 줘야 해요. 그리고 어떤 인공지능들을 합쳐서 문제를 해결할 수 있는지 판단하는 것은 중요한 능력이에요.

8. 소프트 스킬: 소통, 협력, 리더십 등의 소프트 스킬은 인공지능 시대에 그 중요성이 더 커질 거예요.

"지금 배운 것이 10년 후에는 필요 없을까?"라는 걱정을 하지만 사실 지식의 수명은 점점 짧아져서 일 년, 한 달 후에도 의미가 없어질 수 있어요. 그러나 기술은 항상 발전하며 학습의 가치는 변하지 않고 오히려 중요해지고 있어요. 인공지능 시대에는 유연성과 적응력이 중요하며, 이러한 역

량은 어떤 분야에서도 유용할 거예요. 유연성과 적응력은 결국 학습능력으로 이어져요. 인공지능 시대는 학습하는 사람이 이끕니다.

그리고 문제해결능력 이상으로 문제발굴능력이 중요해지고 있어요. 주어진 문제만 풀던 시대는 지났어요. 일상 속이나 산업현장 속에서 어떤 문제가 중요한 문제이고, 어떤 문제에 인공지능을 먼저 적용해야 하는지 판단하는 것이 필요해요. 이런 능력을 문제발굴능력이라고 하죠. 문제발굴을 위해서는 창의적 사고, 비판적 사고, 소통, 협업 등 다양한 능력들이 종합적으로 필요해요.

사라질 직업, 생겨날 직업

"이제 로봇이 음식을 가져다 주는 식당이 늘어나고 있어요. 이제 식당에서 일할 기회는 줄어드는 걸까요?"

"문의 사항이 있어서 전화를 걸었더니 인공지능이 받아 줘요. 미래에는 콜센터 자체가 인공지능으로 바뀌게 될까요?"

인공지능 시대에는 어떤 직업이 필요할까요? 자세히 알아보기 전에 먼저 인공지능이 여러 직업에 미치는 영향에 대해 살펴볼게요. 간단하고 반복적인 작업을 수행할 수 있는 분야에서는 사람을 채용하는 기회가 줄어들 수 있어요. 예를 들어 식당에서 로봇이 음식을 서빙하거나, 콜센터에서 인공지능이 전화 응대를 하는 경우죠. 이런 분야에서는 사람이 일하는 기회가 적어질 수 있겠지만, 해당 분야의 근무 여건은 오히려 나아질 거예요. 식당에서 무겁거나 뜨거운 음식을 나르는 일은 로봇이 대신하여 일자리가 줄어들 거예요. 또한 콜센터 직원의 경우 불필요한 전화나 감정 노동에서 자유로워질 수 있어요. 간단하고 반복적인 요청은 인공지능이 직접 답하고, 꼭 필요한 통화만 사람이 응대하도록 돕는 것이 인공지능의 역할이에요. 그렇다면 인공지능 시대에서 어떤 직업이 필요하게 될지 알아볼까요?

1. 인공지능 연구개발자 및 엔지니어: 인공지능 기술을 개발하고 유지보수하는 전문가들은 계속 필요해요. 인공지능 시스템을 개발하고 향상시키는 역할은 중요해요. 이런 능력을 갖추기 위해서는 전통적으로 계속 강조되었던 문제해결능력, 프로그래밍 능력 등이 필요하고요. 이뿐만 아니라 문제를 발굴하고 정의하는 역할도 중요하답니다. 이를 위해서 소통하고 협업하는 능력도 필수예요.

2. 데이터 과학자: 인공지능은 데이터에 기반하며, 데이터 과학자는 데이터를 분석하고 유용한 정보를 추출하는 역할을 해요. 인터넷과 모바일을 통해서 많은 데이터가 쌓였지만, 여전히 인공지능이 학습하기에 적합하지 않은 문서들이나 영상들이 많이 있습니다. 데이터를 정제하고 특성에 맞게 선별하는 역할은 최근에 그 중요성이 더 높아지고 있어요.

3. 인공지능 기획자 및 컨설턴트: 인공지능 기술을 어떻게 적용할 수 있을지 발굴하고 검토하고 판단하여 관계자들과 소통하고 인공지능 기술을 전파하는 역할까지 합니다. 기술도 알아야 하고, 현장 문제까지 파악하여 종합적인 사고를 해야 하며, 창의적 사고, 비판적 사고, 소통, 협업 능력을 모두 갖추어야 해요.

4. 인공지능 윤리 및 법률 전문가: 인공지능의 사용은 윤리적인 고민을 불러올 수 있어요. 윤리 전문가는 이러한 고민을 해결하고 적절한 지침을 제시할 수 있어야 해요. 기술은 대체로 가치 중립적이지만, 활용하는 과정에서 심각한 사회적, 경제적 문제를 일으킬 가능성이 있어요. 이 때문에 적합한 법률과 제도도 꼭 필요합니다. 인공지능이 보편적으로 활용될수록 인공지능의 윤리와 법률에 대한 중요성이 더욱 중요해질 거예요.

창의적 사고와 문제해결능력은 이미 많은 직업인에게 중요하지만, 인공지능 시대에는 특히 더 중요해요. 인공지능은 우리의 업무를 보조하지만, 창의적인 아이디어와 해결책은 인간이 선별해야 해요. 인공지능이 우리의 업무를 변화시키지만, 새로운 직업의 기회도 열고 있어요. 무엇보다도 지속적인 학습과 성장이 필요한 시대입니다. 새로운 기술과 도구를 익히며 배우고 성장한다면 인공지능 시대를 이끌 수 있을 거예요. 인공지능이 학습을 통해 능력을 갖추듯이 인간도 학습능력을 통해 지속 성장해야 해요.

인공지능은 우리가 알고 싶은 정보를 찾거나 다양한 산업과 분야에서 쓰이는 장점이 분명 있어요. 한편으로는 인공지능의 잠재적 위험성도 생각해야 한다는 의견도 있지요. 인공지능 분야를 개척한 영국 출신의 인지심리학자이자 컴퓨터 과학자인 제프리 에버레스트 힌턴(Geoffrey Everest Hinton)은 미국의 가짜 사진, 동영상, 텍스트가 인터넷에 넘쳐나 일반 사람들은 더는 무엇이 진실인지 알 수 없게 될 수 있다고 말했어요. 고용시장에서 반복적 업무를 처리하는 사람들(법률보조원, 개인비서, 번역가 등)은 기계에 의해 대체될 거라고 지적했지요. 또한 인공지능이 분석하는 방대한 양의 데이터에서 예상치 못한 행동을 학습하는 경우가 많다는 점, 인공지능 시스템이 자체 컴퓨터 코드를 생성하는 것을 넘어 스스로 그러한 코드를 실행하게 될 수 있다는 점, 킬러 로봇과 같은 자율살상무기가 현실화될 수 있다는 점 등도 우려했어요.

  하지만 디지털 기술은 대중들의 소통을 돕고 정치적 개혁을 이끄는 힘이 되기도 해요. 튀니지, 이집트, 레바논 등에서 일어난 아랍의 봄에서 트위터, 페이스북 등 소셜미디어는 일종의 공론장이었고 봉기를 일으키는 계기가 되었지요. 그래서 소셜미디어를 '해방의 기술'(Liberation Technology)이라고 부르기도 해요.

그렇다면 우리는 인공지능을 어떻게 이용하는 것이 좋을까요? 먼저 기술에 대한 충분한 이해 없이 활용에만 집중하는 것은 위험할 수 있어요. 왜냐하면 인공지능 검색 모델은 인간이 먼저 만든 정보들 안에서 학습하므로 입력된 답이 아니면 무조건 오답이라고 하는 기계의 한계가 있거든요. 사람은 논리적 사고를 할 수 있어서 오답이 왜 오답인지 설명해 줄 수 있지만, 인공지능은 오답의 이유를 설명해 줄 수 없어요. 그래서 챗GPT 같은 인공지능을 이용할 때에는 인공지능이 내놓은 내용을 무조건 수용하기보다는 다른 의견이나 내용을 찾아보는 것이 중요해요. 인공지능이 제공한 내용이 편향적인 의견은 아닌지, 인공지능이 제시한 내용에 오류는 없는지 스스로 한번 더 생각해 보는 습관을 기르는 것이 필요해요.

세계보건기구(WHO)는 인공지능의 위험성을 신중하게 검토하지 않으면 안 되는 이유를 다음과 같이 설명했어요.

첫째, 인공지능을 학습시키는 데 사용되는 데이터가 편향되어 건강을 위

WHO가 경고하는 인공지능의 위험성

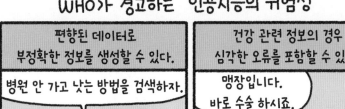

편향된 데이터로
부정확한 정보를 생성할 수 있다.

병원 안 가고 낫는 방법을 검색하자.

건강 관련 정보의 경우
심각한 오류를 포함할 수 있다.

맹장입니다.
바로 수술 하시죠.

아니! 손목 다쳐서
왔다니까!

허가되지 않은 정보가 쓰일 수 있다.

이 환자 같은
경우는 말이죠.

뭐야? 나잖아!
어디서 난 거야?
내 개인정보!

가짜뉴스를 생성하고 유포할 수 있다.

늑대가 나타났다!

양치기
소년이냐고!

이런 문제들이
있을 수 있으니까
더 엄격한 검증이
필요해.

인공지능도 결국엔
인간을 위해 만들어진 거니까
인간에게 뭐가 진짜 이익이 되는지
곰곰이 생각해 봐야 해!

협하거나, 불평등을 확대하는 부정확한 정보를 생성할 수 있다.

둘째, 인공지능은 사용자에게 권위 있고 그럴듯하게 보일 수 있는 답변을 생성하지만, 특히 건강 관련 정보의 경우 완전히 부정확하거나 심각한 오류를 포함할 수 있다.

셋째, 인공지능은 사용자에게 적절한 동의를 구하지 않은 데이터로 학습할 수 있고, 사용자가 대답을 구하는 과정에서 제공한 민감한 정보를 보호하지 않을 수 있다.

넷째, 텍스트, 오디오 또는 영상 콘텐츠의 형태로 매우 설득력 있어 보이는 가짜뉴스를 생성하고 유포하는 데 오용될 수 있다.

세계보건기구는 이런 위험이 큰데도 인공지능에 대한 열망만 높을 뿐, 일반적으로 신기술에 적용해 온 엄격한 검증이 인공지능에는 똑같이 적용되지 않는 현실이 크게 우려된다고 강조했어요. 인공지능이 내린 의사결정의 결과에 대한 책임을 어떻게 해결할 수 있을지 그 문제를 제기한 거예요.

인공지능 기술의 특성인 불투명성과 확장성, 복잡성 등이 책임의 문제를 어렵게 합니다. 사람들은 흔히 인공지능을 개발한 개발자들에게 책임을 물어야 한다고 생각할 수 있지만, 인공지능 프로그래밍이 갈수록 자동화되면서 인공지능이 개발자와 상관없이 독립적으로 작동하여 개발자가 예측할 수 없는 방식으로 진화할 수 있으므로 인공지능 개발자나 설계자가 책임에서 면제될 수 있어요. 또 인공지능 개발에는 수많은 개발자의 기여가 필요해요. 따라서 책임이 분산될 수 있고, 개인은 피해를 보상받지 못할 수 있습니다. 세계보건기구는 그 해결책 중 하나로 의료 인공지능의 경우 투명하게 설명할 수 있어야 한다는 핵심 원칙을 제시했어요.

그렇다면 시민 사회는 발달된 인공지능을 사회에 적용하는 데 반대할까요? 오히려 인공지능에 대해 제대로 된 검증이 되고, 그것이 보편적·공공적 이익이 된다면 인공지능은 사회적 신뢰를 얻을 수 있을 거예요. 그래서 여러분이 인공지능에 대해 더욱 관심을 가지고 인공지능의 사용이 인간에게 공공의 이익이 되는 길은 과연 무엇일지 곰곰이 생각해 보는 것이 중요합니다.

참고문헌

44쪽 : 인용 문구 출처 https://www.ted.com/talks/garry_kasparov_don_t_fear_
intelligent_machines_work_with_them

EU와 미국은 왜 인공지능을 규제하려는가, 인공지능국회토론회(2023.07.20)

인공지능 관련 법 제도의 주요 논의 현황, TTA 채널 207호,(2023. 05/06월호)

생성형 AI를 책임감 있게 사용하기 위한 가이드라인, MIT Technology Review